José Manoel Ferreira Gonçalves

A Engenharia merece mais

CREA/SP

Uma Transição Necessária

KOTTER
EDITORIAL

Coordenação Editorial: Sálvio Nienkötter
Editor-Executivo: Claudecir de Oliveira Rocha
Editor-adjunto: Daniel Osiecki
Capa: Jussara Salazar
Design editorial: Carlos Garcia Fernandes
Produção: Cristiane Nienkötter
Revisão e preparação de originais: O Autor

Dados Internacionais de Catalogação na Publicação (CIP)
Angelica Ilacqua CRB-8/7057

Gonçalves, José Manoel Ferreira
A engenharia merece mais : uma transição necessária : CREA/SP / José Manoel Ferreira Gonçalves. — Curitiba : Kotter Editorial, 2023.
112 p.

ISBN 978-65-5361-236-5

1. Engenharia – Profissão 2. Engenharia – Conceitos 3. Conselho Regional de Engenharia, Arquitetura e Agronomia do Estado de São Paulo – Resoluções 4. Porto de Santos I. Título

CDD 620.00981

23-4012

KOTTER EDITORIAL

Kotter Editorial Ltda.
Rua das Cerejeiras, 194
CEP: 82700-510 - Curitiba - PR
Tel. + 55(41) 3585-5161
www.kotter.com.br | contato@kotter.com.br

Feito o depósito legal
1ª Edição
2023

José Manoel Ferreira Gonçalves

A Engenharia merece mais

CREA/SP

Uma Transição Necessária

Apresentação

O Principal Projeto do Engenheiro é Seu Projeto de Vida

Em toda profissão, existe uma linha tênue entre a vida profissional e pessoal. Para os engenheiros, essa fronteira pode ser particularmente desafiadora devido à intensidade e à natureza envolvente do seu trabalho. Muitos engenheiros dedicam incontáveis horas para criar, projetar, otimizar e tornar real o que antes era apenas um conceito. Mas talvez, um dos projetos mais importantes que eles enfrentam não seja aquele que está em um desenho de CAD ou em um canteiro de obras. É um projeto contínuo, complexo e requer atenção constante - seu projeto de vida.

A engenharia requer precisão, pensamento crítico, criatividade e, acima de tudo, paixão. No entanto, muitas vezes, a intensidade dessa paixão pode ofuscar o equilíbrio necessário para manter uma vida saudável e realizada. A vida não se limita a esquemas, códigos ou especificações; é um emaranhado intrincado de relações, emoções, experiências e realizações que vão muito além da esfera profissional.

Ao considerar a vida como um projeto de engenharia, pode-se começar a aplicar os mesmos princípios utilizados para criar estruturas, sistemas ou processos ao desafio de construir uma vida plena e equilibrada. A engenharia não é apenas sobre a construção de coisas; é sobre a resolução de problemas humanos. E não há problema maior ou mais complexo do que a construção de uma vida que valha a pena ser vivida.

Começa-se com a definição dos objetivos. O que se quer alcançar em diferentes facetas da vida? Como engenheiro, essas metas podem ser focadas na carreira - talvez seja tornar- se um especialista em seu campo, ou liderar uma equipe de engenharia em um projeto inovador. Mas também podem ser objetivos pessoais - talvez seja iniciar uma família, viajar o mundo ou dedicar-se a um hobby ou uma paixão.

Uma vez definidos os objetivos, o próximo passo é planejar como alcançá-los. Este é o "desenho" do projeto de vida, onde se delineia os passos necessários para alcançar os objetivos estabelecidos. Talvez isso signifique obter uma certificação adicional, economizar dinheiro para uma grande viagem, ou dedicar tempo cada semana para aprender uma nova habilidade. Como em qualquer projeto de engenharia, é importante ser realista sobre os recursos disponíveis, sejam eles tempo, dinheiro ou energia.

A execução é onde o projeto começa a tomar forma. É aqui que se toma as medidas necessárias para alcançar os objetivos definidos. Isso pode ser desafiador e requerer sacrifícios. Talvez seja necessário alocar longas horas para adquirir uma nova habilidade, ou economizar em pequenas coisas para financiar um grande sonho. Mas como qualquer engenheiro sabe, nenhum projeto valioso vem sem seus desafios.

Por fim, a fase de avaliação. Como qualquer projeto, a vida deve ser constantemente avaliada e ajustada. Os objetivos mudam, as circunstâncias mudam, e é importante estar disposto a adaptar-se e ajustar-se para continuar no caminho certo. Não existe um projeto perfeito; sempre há espaço para melhorias e ajustes.

O projeto de vida, como qualquer projeto de engenharia, é um trabalho em andamento. É um processo contínuo de definição de objetivos, planejamento, execução e avaliação. E talvez o mais importante, é um projeto que requer paixão, dedicação e um desejo de construir algo que valha a pena. O maior projeto que um engenheiro pode embarcar não é aquele que resulta em uma estrutura física ou um sistema otimizado. É o projeto de construir uma vida que seja gratificante, equilibrada e plena de significado. Porque no final do dia, o maior triunfo de um engenheiro não é medido pelas coisas que ele constrói, mas pela plenitude da vida que ele vive.

Todo Projeto de Vida é um Projeto Coletivo

A vida, em essência, é uma jornada de autodescoberta e crescimento, uma tapeçaria complexa e multifacetada de experiências, aprendizados e relações. Ao longo dessa jornada, desenvolvemos um projeto de vida, uma visão de onde queremos chegar e o que queremos realizar. Porém, frequentemente caímos na armadilha de acreditar que esse projeto de vida é um esforço puramente individual. Na realidade, como afirmou Aristóteles, o homem é um animal político, destinado a viver em grupo, portanto, todo projeto de vida é, em sua essência, um projeto coletivo.

Somos seres sociais por natureza. Desde o momento em que nascemos, nossas vidas são moldadas por uma complexa rede de interações sociais. Nossos pais, professores, amigos e até desconhecidos influenciam nossas crenças, valores, hábitos e objetivos. Eles nos desafiam, nos inspiram, nos apoiam e, às vezes, nos desapontam. No entanto, é através dessas interações que aprendemos a compreender o mundo ao nosso redor e nosso lugar nele.

Nosso projeto de vida, portanto, não é apenas uma reflexão de nossos desejos e ambições pessoais, mas também um produto de nossa interação com os outros. Cada pessoa que encontramos, cada experiência que compartilhamos, cada lição que aprendemos de outros, contribui para a formação de nosso projeto de vida. Assim, mesmo que possamos considerá-lo um empreendimento pessoal, é intrincado, entrelaçado com a vida coletiva da qual somos parte.

Além disso, nosso projeto de vida raramente se realiza no isolamento. Nossos sonhos e objetivos geralmente exigem a colaboração e o apoio dos outros. Seja através de conselhos e orientações, assistência prática, ou simplesmente uma palavra de encorajamento nos momentos difíceis, as pessoas ao nosso redor desempenham um papel crucial na realização de nossas aspirações. Em muitos aspectos, nosso projeto de vida é coescrito pelas pessoas especiais que encontramos ao longo de nossa jornada, pessoas como essa que cuja imagem acaba de se formar em sua mente.

No entanto, um projeto coletivo de vida não significa que nossos objetivos e ambições sejam determinados exclusivamente em função dos outros. Cada um de nós tem um papel ativo a desempenhar na definição de nossa própria trajetória. Mas é importante reconhecer que esse processo não acontece no vácuo. Ele é influenciado pelas pessoas ao nosso redor, pelas comunidades das quais fazemos parte, e pela sociedade em que vivemos.

Ao mesmo tempo, nosso projeto de vida tem um impacto além de nós mesmos. Através de nossas ações, influenciamos a vida das pessoas ao nosso redor e moldamos a sociedade para melhor ou para pior. Seja através de nossas ações diárias, de nossos feitos profissionais, ou das causas que defendemos, temos a oportunidade de contribuir para o projeto coletivo de construir uma sociedade mais justa, inclusiva e sustentável.

Portanto, mesmo que cada um de nós tenha um projeto de vida único, ele é, em última análise, um projeto coletivo. Ele é moldado por nossas interações com os outros, e por sua vez, molda a sociedade da qual somos parte. Ao reconhecermos isso, podemos começar a apreciar a complexidade e a interconectividade de nossa jornada de vida, e a valorizar o papel dos outros em nossa busca para realizar nossos sonhos e objetivos. Pois, no final das contas, somos todos parte de um projeto de vida coletivo maior - o projeto de construir um mundo onde todos possamos florescer.

O engenheiro está bem quando a sua associação está bem, o seu sindicato está forte e o conselho de engenharia age com assertividade técnica e com empatia

A engenharia é uma profissão ampla e complexa que molda muitos aspectos do mundo em que vivemos. No entanto, o papel e o bem-estar dos engenheiros não são apenas uma questão de habilidade técnica ou conhecimento especializado. São também uma questão de como eles são representados e apoiados por suas instituições profissionais - associações, sindicatos e conselhos de engenharia. Quando essas entidades estão em boa forma, o engenheiro está bem. E, por sua vez, quando o engenheiro está bem, todos nós nos beneficiamos.

As associações de engenharia desempenham um papel crucial em manter os engenheiros atualizados com as últimas tendências e desenvolvimentos em seu campo. Elas oferecem oportunidades de aprendizado contínuo, promovem o networking entre profissionais e ajudam a definir padrões de prática. Quando a associação está bem, ela cria um ambiente de apoio e inspiração que permite aos engenheiros desenvolverem suas habilidades e contribuir ao máximo para seu campo.

Os sindicatos de engenharia, por sua vez, têm a tarefa de proteger os direitos e os interesses dos engenheiros. Eles negociam acordos coletivos de trabalho, defendem condições de trabalho justas e fornecem uma voz coletiva para os engenheiros nas discussões com os empregadores e os formuladores de políticas. Quando o sindicato está forte, ele assegura que os engenheiros sejam valorizados e respeitados por seu trabalho e que sejam justamente recompensados por suas contribuições.

Por último, e ainda mais importantes, os Conselhos de Engenharia desempenham um papel crucial em garantir a integridade e a qualidade da profissão. Eles licenciam engenheiros, regulam a prática da engenharia e impõem normas éticas e técnicas. Quando o conselho de engenharia age com assertividade técnica e empatia, ele protege não só a reputação da profissão, mas também a segurança e o bem-estar do público.

A presença de uma associação vibrante, um sindicato forte e um conselho de engenharia assertivo e empático contribui para a criação de um ambiente onde os engenheiros podem prosperar. E quando os engenheiros prosperam, todos nós nos beneficiamos. Seja através da construção de infraestruturas seguras e eficientes, do desenvolvimento de tecnologias inovadoras, ou da resolução de desafios complexos, os engenheiros desempenham um papel crucial na moldagem de nosso mundo.

No entanto, a relação entre os engenheiros e suas instituições profissionais é uma via de mão dupla. Assim como os engenheiros se beneficiam do apoio e da representação de suas associações, sindicatos e conselhos, essas instituições também dependem do envolvimento ativo e do apoio dos engenheiros. Seja através da participação em eventos, da contribuição para discussões profissionais, ou da adesão aos padrões éticos e técnicos, os engenheiros têm um papel a desempenhar na manutenção da saúde e da eficácia de suas instituições profissionais.

Em suma, o bem-estar do engenheiro e a saúde de suas instituições profissionais estão inextricavelmente ligados. Quando a associação está bem, o sindicato está forte, e o conselho de engenharia age com assertividade técnica e empatia, os engenheiros têm a capacidade de fazer o que fazem de melhor - aplicar sua expertise para resolver problemas, criar soluções e, em última análise, fazer do mundo um lugar melhor. E isso é algo que beneficia a todos nós.

Se Engenharia é arte, liderar seu Conselho o é também. Venha conosco construir um novo CREA-SP

A engenharia é frequentemente associada a números, equações e princípios científicos rígidos. Mas, no cerne de sua essência, a engenharia é uma forma de arte - uma arte que mistura a precisão da ciência com a imaginação criativa para construir, inovar e melhorar o mundo ao nosso redor. Da mesma forma, liderar o Conselho Regional de Engenharia e Agronomia de São Paulo (CREA-SP) é uma arte em si mesma - uma arte que exige não apenas habilidades administrativas e conhecimento técnico, mas também uma visão, um senso de comunidade e uma paixão pela profissão.

Estou me candidatando à presidência do CREA-SP porque acredito que posso trazer uma nova abordagem à liderança deste conselho. Uma abordagem que reconhece a engenharia como a arte que ela realmente é, e que procura construir um conselho que reflita essa visão. Um novo CREA-SP deve ser um lugar onde todos os engenheiros - independentemente de sua especialização, experiência ou histórico - sintam-se pertencentes e acolhidos, com sus necessidades atendidas. Isso significa construir uma cultura de inclusão e diversidade, onde todas as vozes sejam ouvidas e valorizadas. Significa também construir um conselho que seja transparente e responsável, e que coloque os interesses de seus membros em primeiro lugar.

O novo CREA-SP também deve ser um lugar onde a inovação e a criatividade sejam celebradas e encorajadas. Isso significa promover a educação e o desenvolvimento profissional contínuo, para garantir que nossos engenheiros estejam sempre à frente das últimas tendências e tecnologias. Significa também ser um defensor da pesquisa e do desenvolvimento, e trabalhar para criar oportunidades para nossos engenheiros aplicarem sua criatividade e habilidades técnicas para resolver os desafios do nosso tempo.

Mas, acima de tudo, um novo CREA-SP deve ser um lugar onde a engenharia seja vista não apenas como uma profissão, mas como uma vocação. Isso significa valorizar o trabalho que fazemos, não apenas pelo que ele nos proporciona em termos de renda ou status, mas também pelo impacto que tem na sociedade. Significa também construir um conselho que aja como um defensor da engenharia, promovendo a profissão e defendendo seu papel crucial na sociedade.

Estou pronto para assumir a responsabilidade de liderar essa transformação e construir um novo CREA-SP. Mas sei que não posso fazer isso sozinho. Preciso de sua ajuda, sua voz e seu apoio. Porque, assim como a engenharia é uma arte coletiva, a liderança do conselho também o é.

Então, convido você a se juntar a mim nesta jornada. Juntos, podemos construir um conselho que reflita a arte da engenharia, e que apoie e valorize todos os que a praticam. Juntos, construiremos um CREA-SP mais organizado, com melhores resultados e mais humano.

Uma intuição que coloca o Engenheiro no lugar que ele merece.

José Manoel Ferreira Gonçalves

Prefácio

Uma eleição como referendo

As eleições do sistema Confea CREAS se aproximam, mas quem acessa o portal destas autarquias públicas - notadamente a do CREA-SP, sobre o qual falaremos neste artigo -, precisará se esforçar muito caso queira encontrar alguma notícia a esse respeito. E isso, claro, quando o próprio site não esteja fora do ar, como tem acontecido no sistema do CREA-SP, algo, convenhamos, humilhante para aqueles que, entre seus atributos, se veem como guardiães dos dados de uma parte considerável da Engenharia brasileira.

Uma vez que as eleições, marcadas para novembro deste 2023, serão virtuais, preocupa-nos sobremaneira o despreparo tecnológico para manutenção do sistema, o que, na hora "H" da eleição, poderá servir de bela e providencial cortina de fumaça para eventuais irregularidades na apuração.

Não podemos confundir esta eleição virtual, com as eleições em urnas desconectadas da Internet, nas quais elegemos nossos mandatários políticos. Mesmo assim, o mais preocupante ainda é esse ruidoso silêncio sobre as eleições.

Não há, até este momento, nenhuma campanha informativa mais ampla em andamento sobre este momento tão importante de decisão democrática sobre o futuro deste sensível segmento que é a engenharia nacional e, no caso em tela, a toda a engenharia paulista.

Seja em rádio, tevê ou mesmo jornais impressos e publicações dedicadas à categoria, o que se vê são propagandas antecipadas – portanto ilegais –, de divulgação de eventos irrelevantes, quando não desnecessários. O que deveria ser uma prioridade, uma obrigação: alertar, conscientizar, chamar, incentivar o profissional registrado sobre seu direito de votar e escolher seus representantes – é tratado com esnobe descaso, em mais uma demonstração das fragilidades do processo eleitoral e da falta de transparência recorrente de forma geral no sistema e, em especial, na atual gestão do CREA paulista.

Isso não se dá por falta de recursos, pois recursos financeiros não faltam, ao contrário, são desperdiçados em mordomias nababescas, desfrutadas por parte da diretoria do Confea, com o apoio do CREA-SP. São passagens para o exterior com as respectivas diárias... são gastos com hospedagem, alimentação e transportes de apoiadores dentro do país pagos a quem participa da bolha que sustenta este sistema à beira do colapso, uma farra!

Ao par disto, há um tremendo desperdício em contratações extraordinárias e dispendiosas, providenciadas com velocidade e voracidade. Não menos escandaloso é o inexplicável contrato de escritório de advocacia para o acompanhamento das... eleições.

Que tipo de complexidade jurídica está sendo aguardada até novembro, é a pergunta que devemos fazer sobre esse imbróglio preparatório por parte dos ocupantes do poder no CREA-SP.

Enquanto isso, a oportuna letargia prevalece no esclarecimento sobre a primeira eleição virtual do sistema em todo o país. Para se ter uma dimensão da amplitude, somos cerca de 350 mil engenheiros registrados em São Paulo e mais de 1,2 milhão em todo o país. Neste sentido, cabe lembrar que nas últimas eleições, há três anos, em pleno auge da pandemia, lutamos com todas as nossas forças para que as eleições naquele difícil momento fossem virtuais, como medida de segurança sanitária. Mas esta mesma gestão que hoje permanece à frente do sistema Confea CREAS negou aos profissionais essa possibilidade, pondo em risco tanto a vida de indivíduos quanto a saúde pública, para, dessa forma, desmotivar o comparecimento às urnas.

Não é de hoje, portanto, que o tratamento que se dá às eleições para escolha do presidente e para os cargos representativos, todos de grande importância no âmbito dos Conselhos regionais em todo o país, acontece como um referendo morno e desinteressante, em que os mesmos aceitam a "dura tarefa" de se manter no comando.

A continuar tão viciado quanto meramente burocrático esse processo eleitoral, a sua credibilidade será nula.

Nada disso nos surpreende, é fato, mas também não nos tira a motivação de demonstrar de forma clara os movimentos em andamento.

Luto pelo fim da anuidade obrigatória, pelo investimento em engenharia 4.0 e pelo engajamento dos profissionais

Por isso, exorto nossa categoria a sair da arquibancada, da posição de espectadora, para assumir a vez e a responsabilidade que lhe cabe nesta hora histórica.

Sumário

1 A Engenharia 21

1.1 A crucial importância da engenharia 21

1.2 As Origens Antigas da Engenharia Civil 22

1.2,1 Grandes Projetos e Desafios Atuais 23

1.3 A ascensão da Engenharia Mecânica 24

1.4 O nascimento da Engenharia Química 25

1.5 A Revolução da Engenharia Aeronáutica 26

1.6 A Ascensão da Eletricidade e da Engenharia Elétrica 27

1.7 A ascensão da Engenharia Clínica 28

1.8 A Engenharia nos Tempos Modernos 29

O Futuro da Engenharia 31

2 A Engenharia Civil 33

2.1 Por que a Engenharia Civil é tão Vital 34

2.1.1 Infraestrutura e Desenvolvimento da Sociedade 34

2.1.2 Promoção do Desenvolvimento Sustentável 34

2.1.3 Resiliência a Desastres 35

2.1.4 Inovação Tecnológica 35

2.1.5 Melhoramento da Saúde Pública 35

2.1.6 Desenvolvimento e Autonomia do País 35

2.1.7 Desenvolvimento Nacional 36

2.1.8 Economia 36

2.1.9 Educação e Saúde 36

2.1.10 Bem-estar social 36

2.1.11 Soberania 36

2.1.12 Autossuficiência em Infraestrutura 36

2.1.13 Defesa e Segurança 37

2.1.14 Adaptação e Resiliência 37

2.1.15 Aumento da Competitividade Global 37

2.1.16 Equilíbrio no Desenvolvimento Regional 37

2.1.17 Inovação e Pesquisa 37

2.2 Educação e Formação em Engenharia Civil 38

2.3 A Engenharia Civil e os Desafios Futuros 38

2.4 Promoção de Políticas Públicas 38

2.5 Engenharia Civil e o Desenvolvimento Social 39

2.6 Engenharia Civil e Políticas Públicas 39
2.7 Engenharia Civil e Participação Cidadã 39
2.8 Engenharia Civil e o Futuro 40

3 Os Conselhos Regionais de Engenharia: A Força Motriz da Profissão 41
3.1 Os Conselhos Regionais de Engenharia como defensores dos interesses da profissão de engenharia 42
3.2 Garantia de Qualidade e Ética na Prática da Engenharia 42
3.3 Promoção do Desenvolvimento Profissional 42
3.4 Defesa dos Interesses da Profissão 43
3.5 Contribuição para a Inovação e a Sustentabilidade 43
3.6 Representação Profissional 43
3.7 Proteção de Direitos e Interesses 44
3.8 Promoção da Profissão 44
3.9 Defesa da Excelência Profissional e da Ética 44

4 O Papel Capital das Associações Regionais de Engenharia 45
A Associação regional como núcleo do Conselho 45
4.2 Os primeiros grupos regionais 45
4.3 Expansão nacional 46
4.4 Serviços aos membros 46
4.5 Influenciando as políticas regionais 47
4.6 Parcerias e colaboração 47
4.7 Desafios e oportunidades 48
4.8 À guisa de conclusão 48

5 Sindicatos de Engenharia 49
5.1 O papel fundamental dos sindicatos na construção de uma engenharia nacional forte 49
5.2 O começo da organização sindical 49
5.3 Amadurecimento do sindicalismo engenheiro (1946-1964) 50
5.4 Resistência e conquistas na ditadura (1964-1985) 50
5.5 Protagonismo democrático (1985-2002) 51
5.6 Resultados recentes (2003-2018) 51
5.7 Desafios e lutas atuais 52
5.8 Concluindo 53

6 Engenharia Agronômica 55
6.1 História e origens da engenharia agronômica no Brasil 55
6.2 As primeiras décadas de pesquisa em solos, clima e novas culturas 56
6.3 A Escola Superior de Agricultura Luiz de Queiroz e a modernização da pesquisa 56
6.4 Expansão da fronteira agrícola para o Cerrado 57
6.5 Mecanização da agricultura 57
6.6 Pesquisa em insumos e variedades 58
6.7 Pesquisas em pecuária e integração lavoura-pecuária 58
6.8 Agricultura de precisão, manejo da irrigação e agricultura 4.0 59
6.9 Biotecnologia e agricultura de baixo carbono 60
6.10 Engenharia de alimentos e bioeconomia 60
6.11 Desafios futuros para a engenharia agronômica 60

7 Porto de Santos 63
7.1 Primeiros anos e obras iniciais 63
7.2 Consolidação nos anos 1930-1950 64
7.3 Especialização em contêineres 64
7.4 Modernização nos anos 1990 e 2000 65
7.5 Impactos econômicos e sociais 65
7.6 Gestão ambiental 66
7.7 Projetos de engenharia destacados 67
7.8 Modernização do cais 67
7.9 Dragagens de aprofundamento 67
7.10 Via de acesso ao Tecon 67
7.11 Modernização da gestão portuária 68
7.12 Perspectivas futuras 68
7.13 Conclusão 69

Proposta do planode trabalho 73
Referências 97
Justiça para os justos 99

1 A Engenharia

1.1 A crucial importância da engenharia

A engenharia, catalisadora de avanços que molda a evolução da civilização humana há milênios, é o estímulo preciso que impulsiona o progresso. É a aplicação criativa e consciente de princípios científicos e matemáticos na resolução de desafios concretos que capacita a humanidade a interagir, adaptar e transformar o mundo natural para suprir nossas necessidades e aspirações.

Com o objetivo de envolver um público amplo, sinto-me impelido a explorar neste breve ensaio conceitos e práticas que, para um engenheiro, podem parecer já familiares, mas que possivelmente trarão um ar nostálgico, remetendo-o aos memoráveis tempos acadêmicos. Assim, pretendo esboçar uma perspectiva abrangente sobre as principais disciplinas da engenharia. Deixo claro que todas elas têm igual relevância e são interdependentes, e cada uma desempenha um papel vital na viabilização dos grandes avanços da sociedade. Neste panorama, vamos traçar a trajetória desde os primeiros lampejos de reflexão consciente na história humana até os intrincados desafios do mundo contemporâneo.

Tendo em vista que a palavra "engenheiro(a)" geralmente evoca imagens da engenharia civil no imaginário popular, permito-me iniciar nossa exploração por essa vertente. Dedico a ela um espaço privilegiado no início da nossa discussão e retornarei a ela mais adiante, pois seu estudo permitirá que o leitor possa imergir no universo mais amplo das demais engenharias.

Embora seria ideal investigar minuciosamente cada disciplina de engenharia, as limitações práticas nos direcionam a aprofundar nossa análise na engenharia civil, por ser a mais popular e amplamente reconhecida entre elas. Essa abordagem, espero, lançará luz sobre a vastidão e a riqueza do campo de estudo que é a engenharia como um todo.

1.2 As Origens Antigas da Engenharia Civil

A engenharia civil, na sua forma mais antiga, remonta às primeiras civilizações organizadas. Os pioneiros dessa disciplina foram responsáveis pela concepção e construção de estruturas e infraestruturas que atendiam às necessidades emergentes de cidades e culturas em contínuo desenvolvimento.

Na antiga Mesopotâmia, por exemplo, engenheiros revolucionaram a vida de sua época ao desenvolver técnicas de irrigação em larga escala, viabilizando a agricultura florescente entre os rios Tigre e Eufrates. Sua competência também se refletiu na implementação de sistemas de esgoto sofisticados, estradas pavimentadas e até mesmo no Aqueduto de Jericó.

Por sua vez, no Antigo Egito, os engenheiros civis realizaram feitos impressionantes que ainda hoje nos deixam estupefatos, como a construção das majestosas pirâmides. A Grande Pirâmide de Gizé é um verdadeiro marco, pois envolveu o corte, transporte e empilhamento de aproximadamente 2,3 milhões de blocos de pedra com uma precisão notável.

Já na Grécia e em Roma Antigas, a engenharia civil atingiu um novo patamar. Engenheiros dessas civilizações criaram cidades inteiras a partir do zero, com complexos sistemas de aquedutos, termas, esgotos, estradas e edifícios públicos. O Coliseu Romano, o Panteão, o Pont du Gard (aqueduto romano construído no sul da França) e a vasta rede de estradas exemplificam o quanto a engenharia civil era valorizada e, assim, levada a novas altitudes.

Durante a Idade Média, os engenheiros civis europeus se dedicaram à construção de castelos e catedrais imponentes. Ergueram estruturas grandiosas de pedra como a Catedral de Notre Dame, que demandaram habilidades avançadas em arquitetura de arcos, abóbadas e contrafortes volantes para lidar com as forças exercidas por massas de tamanho colossal.

Com a Revolução Científica entre os séculos 17 e 18, a compreensão da mecânica estrutural e da hidráulica deu saltos significativos. Isso pavimentou o caminho para a Era Industrial, período em que a engenharia civil se expandiu para atender às necessidades das cidades em acelerada expansão. Sistemas de esgoto, transporte público, pontes e arranha-céus se tornaram imprescindíveis. A Torre Eiffel, o Metropolitano de Londres e os arranha-céus de Nova York são exemplos vibrantes de como a engenharia civil tem desempenhado um papel crucial na modelação das cidades modernas.

1.2,1 Grandes Projetos e Desafios Atuais

Durante os séculos 19 e 20, a engenharia civil se viu engajada em projetos de infraestrutura cada vez mais ambiciosos e tecnicamente desafiadores. O Canal do Panamá, finalizado em 1914 após uma década de labor intenso, representa um marco dessa era, conectando os oceanos Atlântico e Pacífico por meio de um sistema inovador de eclusas de navegação. Da mesma forma, a Barragem de Hoover, concluída em 1936, ascendeu à posição da maior usina hidrelétrica do mundo na época, tornando-se fundamental para o fornecimento de eletricidade e água no oeste dos Estados Unidos.

Ao longo da segunda metade do século 20, a engenharia civil impulsionou a expansão de vastas redes rodoviárias, ferrovias de alta velocidade, aeroportos, usinas nucleares e sistemas de telecomunicações globais por fibra óptica. Construções emblemáticas como o World Trade Center, a Ponte Golden Gate e o Burj Khalifa surgiram, desafiando limites pré-estabelecidos. A engenharia sísmica avançada permitiu a realização de construções seguras até mesmo em regiões propensas a terremotos.

Atualmente, a engenharia civil se depara com desafios complexos como a urbanização acelerada e a demanda por infraestrutura logística sustentável. Técnicas modernas estão sendo empregadas, como a modelagem de informações da construção (BIM), o uso de novos materiais, a construção pré-fabricada e o sensoriamento remoto. A resiliência climática e o design adaptativo têm se tornado prioridades, tendo em vista que os eventos climáticos extremos se tornam cada vez mais frequentes, em decorrência do aquecimento global. Paralelamente, a engenharia civil se dedica a aprimorar obras públicas essenciais, como o transporte coletivo, o fornecimento de água e o saneamento, com o objetivo de tornar as cidades mais habitáveis e equitativas.

1.3 A ascensão da Engenharia Mecânica

A engenharia mecânica, apesar de ser uma ciência antiga, ganhou destaque sem precedentes durante a Revolução Industrial no final do século XVIII. Antes disso, dispositivos mecânicos de certa complexidade já existiam, como os moinhos de água e relógios de precisão, mas a produção industrial se baseava no trabalho manual e artesanal. Foi a engenharia mecânica que transformou esse cenário, desenvolvendo máquinas que automatizaram a manufatura em massa.

A máquina a vapor de James Watt simboliza o início dessa grande transformação, fornecendo uma fonte de energia confiável para fábricas e locomotivas. Outras máquinas fundamentais nesse processo foram o tear hidráulico de Edmund Cartwright, destinado à tecelagem, e a fresadora de Eli Whitney, usada na produção intercambiável de peças de armas.

No século XIX, a engenharia mecânica catalisou a Segunda Revolução Industrial. Máquinas a vapor foram fundamentais para impulsionar a siderurgia em larga escala, bem como a produção de produtos químicos e fertilizantes. Foi também nessa época que a eletricidade e o motor de combustão interna fizeram sua estreia. Henry Ford e outros visionários introduziram a produção em massa através das linhas de montagem, possibilitando o surgimento de bens de consumo mais baratos e acessíveis, incluindo automóveis, eletrodomésticos e radiotransmissores.

Na era moderna, a engenharia mecânica se expandiu para áreas como a aeroespacial, naval, robótica, automação industrial, entre outras. Máquinas cada vez mais sofisticadas agora produzem desde pequenos chips para computadores até gigantescas turbinas eólicas. A bioengenharia, por sua vez, vem alavancando princípios da mecânica em aplicações médicas revolucionárias. E à medida que as preocupações com a sustentabilidade crescem, os engenheiros mecânicos se encontram na vanguarda do design ecológico e das energias renováveis.

1.4 O nascimento da Engenharia Química

Após a era da alquimia, da busca pela pedra filosofal e dos elixires de longa vida que marcou a Idade Média, a engenharia química emergiu como ciência no final do século XIX. Esse surgimento foi impulsionado pela crescente atenção dada pelos cientistas aos processos físicos e químicos. Descobertas na termodinâmica, cinética e eletroquímica estabeleceram as bases para a concepção de processos químicos em escala industrial.

Um marco inicial dessa era foi o processo Haber-Bosch para a produção de amônia, desenvolvido em 1910. O nitrogênio é vital para fertilizantes e explosivos, mas é inerte na sua forma molecular (N_2). O químico Fritz Haber encontrou as condições ideais de temperatura e pressão para a reação entre nitrogênio e hidrogênio, enquanto Carl Bosch ampliou esse processo para níveis industriais. Esse é um exemplo clássico do poder da engenharia química na síntese de produtos essenciais.

Outro avanço crucial veio com a refinação de petróleo para obtenção de gasolina e querosene a partir de óleo bruto. Químicos como William Burton desenvolveram processos eficientes de craqueamento para produzir frações mais leves de hidrocarbonetos. Isso alimentou o boom nas indústrias automobilística e de aviação.

Na era moderna, a engenharia química experimentou uma expansão massiva em áreas como a indústria petrolífera, petroquímica, alimentos, farmacêutica, materiais avançados e biotecnologia. Ela tornou possível a produção globalizada que hoje consideramos tão natural. Os desafios atuais incluem a sustentabilidade, eficiência de recursos e saúde pública. A engenharia química busca soluções para essas questões por meio da química verde, biocatálise e modelagem molecular.

1.5 A Revolução da Engenharia Aeronáutica

Durante milênios, a ideia do voo humano foi um sonho inatingível. No entanto, ao longo de pouco mais de um século, graças à engenharia aeronáutica, progredimos de máquinas voadoras precárias para aeronaves hipersônicas capazes de chegar ao espaço.

No início do século XX, pioneiros como os irmãos Wright, Otto Lilienthal, Ferdinand von Zeppelin e Clément Ader fizeram progressos significativos com aeronaves mais pesadas que o ar. Naquela época, os aviões ainda eram frágeis e perigosos, mas essas figuras inovadoras pavimentaram o caminho para o futuro da aviação.

A Segunda Guerra Mundial foi um catalisador para a revolução na engenharia aeronáutica. Engenheiros como Claudius Dornier e Hugo Junkers, na Alemanha, desenvolveram monoplanos de combate totalmente metálicos que definiram um novo padrão. Caças como o Supermarine Spitfire e o Messerschmitt Bf 109 podiam ultrapassar a velocidade de 650 km/h, enquanto o bombardeiro pesado Boeing B-29 possuía alcance intercontinental.

Logo após a guerra, entrou a era do jato, com designs inovadores provenientes da Grã-Bretanha e Alemanha. O De Havilland Comet, o primeiro jato de passageiros do mundo, realizou seu voo inaugural em 1949. Em 1958, o Boeing 707 marcou a entrada na era dos jatos transoceânicos. Em 1969, o Concorde atingiu velocidades supersônicas, revolucionando a viagem aérea.

Hoje, a engenharia aeronáutica tem como foco a construção de aviões cada vez mais silenciosos e eficientes. Mas essa ciência não se restringe apenas à atmosfera terrestre, ela também possibilitou o desenvolvimento de naves espaciais, satélites e sondas interplanetárias, alargando as fronteiras do futuro para além dos limites do nosso planeta. A promessa da engenharia aeronáutica continua a crescer, enquanto olhamos para um futuro cada vez mais ilimitado.

1.6 A Ascensão da Eletricidade e da Engenharia Elétrica

A eletricidade revolucionou o mundo de formas inimagináveis. Desde a iluminação domiciliar até os smartphones, seu impacto na vida moderna é onipresente, e esse progresso é creditado à engenharia elétrica.

No século XIX, o trabalho pioneiro de cientistas como Alessandro Volta, Michael Faraday, James Clerk Maxwell e Thomas Edison estabeleceu os princípios da eletrostática, eletromagnetismo, indução eletromagnética e iluminação elétrica.

A partir de então, a corrida para colocar a eletricidade em prática começou. George Westinghouse e Nikola Tesla foram fundamentais na promoção de sistemas de corrente alternada para a transmissão de energia elétrica em longas distâncias. Como resultado, as redes elétricas começaram a se espalhar já nas primeiras décadas do século XX.

A evolução da eletrônica ocorreu na primeira metade do século XX com o desenvolvimento do tubo de vácuo, circuitos de rádio e radar. O advento da computação começou com o ENIAC em 1946. O transistor, demonstrado em 1947 nos Bell Labs, iniciou a revolução dos semicondutores. Isso estabeleceu as bases para a era digital, com a criação de chips integrados, computadores pessoais e a internet.

Hoje, a engenharia elétrica e eletrônica está na vanguarda de tecnologias emergentes como eletrônica de potência, telecomunicações 5G, inteligência artificial e computação quântica. Ao mesmo tempo, esforços estão sendo feitos para modernizar as redes elétricas e integrar fontes de energia renováveis para um futuro sustentável.

Sem dúvidas, a eletricidade permanece como uma das maiores conquistas da engenharia, com seu impacto evidente em quase todos os aspectos da vida moderna.

1.7 A ascensão da Engenharia Clínica

A engenharia clínica, ou biomédica, é uma disciplina que busca melhorar a prevenção, diagnóstico e tratamento de doenças utilizando a tecnologia. Esta intersecção entre engenharia e medicina gerou progressos notáveis e mudou a forma como cuidamos da saúde.

Desde o início do século XX, a engenharia biomédica tem estado na vanguarda de numerosos avanços na medicina. Tudo começou com a criação de dispositivos médicos, como o eletrocardiograma e o marca-passo. Posteriormente, a invenção da máquina de diálise renal por Willem Kolff e o desenvolvimento do coração artificial por Paul Winchell demonstraram o potencial da tecnologia médica implantável.

Avançamos para a tomografia computadorizada, PET scan e ressonância magnética, que proporcionaram imagens médicas tridimensionais, revolucionando a forma como os profissionais de saúde visualizam o corpo humano. A robótica introduziu novas possibilidades para cirurgias minimamente invasivas, e as próteses biônicas emergiram para replicar a função dos membros naturais. Dispositivos implantáveis modernos são capazes de administrar medicamentos com precisão ou estimular órgãos disfuncionais.

A engenharia clínica nos oferece não apenas ferramentas para diagnóstico e tratamento, mas também a capacidade de substituir ou regenerar partes do corpo humano através de próteses e engenharia de tecidos. Robert Langer, considerado um dos fundadores da engenharia de tecidos, tem sido fundamental para esses desenvolvimentos.

Olhando para o futuro, a engenharia clínica enfrentará o desafio de desenvolver tecnologias médicas ainda mais avançadas e personalizadas. Há um interesse crescente em integrar a inteligência artificial na medicina, o que tem o potencial de revolucionar o diagnóstico e o tratamento de uma variedade de condições.

Os horizontes futuros da engenharia clínica também incluem medicina personalizada, dispositivos vestíveis e nanotecnologia. Esses avanços permitirão a individualização do atendimento médico, aumentando a eficácia dos tratamentos e melhorando a qualidade de vida dos pacientes.

Em suma, a engenharia é a força vital de nossa sociedade e tem um impacto profundo na medicina. Ela nos permite viver vidas mais longas, mais saudáveis e mais conectadas, e à medida que avançamos para o futuro, a importância da engenharia em nossa sociedade só se tornará mais evidente. Seu objetivo final é garantir vidas mais longas e saudáveis usando tecnologia centrada no ser humano.

1.8 A Engenharia nos Tempos Modernos

Após revisar as principais disciplinas históricas, agora exploramos algumas áreas de rápido crescimento que caracterizam a engenharia moderna.

Engenharia Aeroespacial - A corrida espacial do pós-guerra estimulou enormes avanços em propulsão de foguetes, navegação inercial, ciência de materiais e sistemas de suporte à vida. Hoje, empresas privadas como a SpaceX, ao apropriar-se das pesquisas realizadas por empresas públicas, estão centradas em tornar o acesso ao espaço mais barato, viabilizando as viagens exploratórias de lazer. Tecnologias visionárias como o motor de fusão podem um dia levar humanos a Marte e além dele.

Engenharia de Software - O advento dos computadores digitais criou uma disciplina focada no gerenciamento sistemático de projetos de software em grande escala. Práticas modernas como DevOps e nuvem computing aprimoraram dramaticamente a entrega de software. A inteligência artificial está automatizando mais tarefas de codificação.

Engenharia Biomolecular - Novas ferramentas como bioinformática, edição de genes CRISPR e DNA sintético permitem que os engenheiros manipulem sistemas biológicos em escala molecular. Isso está abrindo as portas para revoluções em medicina, agricultura, biologia sintética e muito mais.

Engenharia de Dados - A explosão de big data levou ao surgimento desta área, focada em coletar, armazenar, processar e analisar conjuntos de dados massivos para extrair insights. Do reconhecimento de fala ao comércio eletrônico, o aprendizado de máquina aplicado a grandes dados está transformando todos os setores.

Nanotecnologia - A capacidade de manipular a matéria em escala atômica e molecular abriu um novo mundo de possibilidades em eletrônica, materiais, medicina e muito mais. Dispositivos microscópicos e precisão no nível de átomos estão se tornando realidade.

Engenharia Verde - Práticas de design sustentável e processos limpos estão se tornando centrais em todas as disciplinas de engenharia à medida que o mundo busca reduzir as emissões de carbono. Novos campos como engenharia ambiental também surgiram para lidar diretamente com questões de sustentabilidade.

Engenharia industrial - focada em otimizar sistemas complexos de produção e serviços. Engenharia de métodos, gestão da cadeia de suprimentos e manufatura são componentes-chave.

Engenharia de materiais - desenvolve novos materiais como polímeros, cerâmicas, compósitos e biomateriais com propriedades desejadas. Essencial para inovações em produtos de consumo, aeronáutica, saúde, etc.

Engenharia nuclear - projeta e opera reatores nucleares para geração de energia bem como aplicações médicas e industriais da radiação. A segurança é uma consideração crítica.

Engenharia geotécnica - lida com propriedades físicas e mecânicas de solos e rochas. Crucial em fundações, túneis, mineração e projetos de petróleo e gás.

Engenharia acústica - focada no controle de ruído, vibrações e qualidade sonora em construções, veículos e equipamentos. Essencial para conforto e saúde humana.

Engenharia forense - aplica engenharia na investigação científica de falhas em estruturas, materiais, softwares e processos após acidentes ou crimes.

Engenharia de petróleo - lida com a exploração, perfuração e produção de petróleo e gás. Inclui engenharia de reservatórios, completação de poços e plataformas offshore.

Engenharia naval - projeta e constrói navios, plataformas oceânicas e outras estruturas marítimas. Hidrodinâmica, propulsão e sistemas marítimos são áreas de foco.

Engenharia automotiva - desenvolve veículos terrestres como carros, caminhões e ônibus. Engloba design, dinâmica de veículos, sistemas de propulsão e segurança.

Engenharia ferroviária - lida com trilhos, locomotivas, sinalização e sistemas de controle para transporte ferroviário de carga e passageiros.

Engenharia de minas - extrai recursos minerais de forma segura e eficiente. Inclui perfuração, explosivos, ventilação, transporte e segurança em minas.

Engenharia agrícola - focada em equipamentos e processos para produção, colheita e processamento agrícola. Mecanização, irrigação e construções rurais são temas centrais.

Engenharia de manufatura - estuda técnicas avançadas de fabricação como usinagem, soldagem, conformação e acabamento de metais. Foco na qualidade e produtividade.

Engenharia têxtil - lida com design, produção e testes de fibras, tecidos e roupas. Engloba fiação, tecelagem, tingimento e confecção em larga escala.

Engenharia de embalagem - projeta embalagens para proteção, transporte e visualização de produtos. Considera materiais, custos, sustentabilidade e requisitos regulatórios.

Engenharia econômica - analisa a viabilidade técnico-econômica de projetos e operações de engenharia. Utiliza análise de custo-benefício e modelagem financeira.

O Futuro da Engenharia

À medida que o século 21 avança, a engenharia permanece na vanguarda do progresso humano. Novas tecnologias surgem a cada ano, de maneira exponencial e com o condão de continuar a melhorar radicalmente a vida.

Ao mesmo tempo, a engenharia se esforça para resolver desafios urgentes como mudanças climáticas, redução da pobreza e doenças. Algumas tendências empolgantes no horizonte incluem:

- Cidades inteligentes que utilizam sensores e análise de dados para otimizar recursos, mobilidade e serviços. A engenharia urbanizará sempre de forma mais eficiente e sustentável.

- Medicina de precisão e dispositivos implantáveis que revolucionarão a prevenção e o tratamento personalizado de doenças. A engenharia clínica colocará os pacientes no controle.
- Veículos autônomos que tornarão o transporte mais seguro, acessível e eficiente. Sensores avançados e IA estão erando verdadeira disrrupção na logística.
- Computação quântica com o potencial de resolver problemas intratáveis para máquinas clássicas. Isso pode levar a avanços em química, IA e criptografia.
- Bioengenharia para aumentar as capacidades humanas com exoesqueletos, membros biônicos e até interfaces cérebro-máquina. A engenharia integrará humanos e tecnologia.
- Fusão nuclear viabilizando energia limpa e ilimitada. Isso resolva a demanda crescente por energia sem emissões de carbono.
- Manufatura aditiva permitindo a produção sob demanda de produtos complexos e personalizados. As fábricas serão ágeis e customizáveis.
- Agricultura vertical e hidroponia para produção ultradensa de alimentos em ambientes urbanos. Isso trará segurança alimentar local.

Esta foi, em linhas gerais, a evolução histórica da engenharia e suas disciplinas transformadoras. A engenharia foi o catalisador por trás de muitos dos maiores avanços da humanidade, da revolução agrícola às cidades modernas, da eletricidade à exploração espacial.

Hoje, a engenharia está novamente na vanguarda, desenvolvendo as tecnologias que moldarão o futuro. Mas ela também carrega uma enorme responsabilidade. Os engenheiros devem garantir que suas invenções elevem as pessoas e protejam o planeta que todos compartilhamos. Com esforços focados nisso, eles podem ajudar a concretizar a promessa de um mundo mais saudável, justo e próspero para todos.

Este será o legado definitivo da engenharia para a sociedade.

2 A Engenharia Civil

A sociedade como um todo e, reconheçamos, às vezes até nós, engenheiros, não nos damos conta da abrangência e importância estrutural e estratégica da engenharia.

A engenharia civil é uma disciplina que tem um impacto profundo na vida das pessoas e no desenvolvimento da sociedade. Ela desempenha um papel essencial na construção do mundo físico à nossa volta, na promoção do desenvolvimento sustentável, na garantia de nossa segurança em face de desastres naturais, na vanguarda da inovação tecnológica e na melhoria da saúde pública.

É ainda uma ferramenta vital para o desenvolvimento e a soberania de um país. Ao construir e manter a infraestrutura que suporta todas as facetas da vida e da economia, e ao garantir que um país possa prover por si mesmo e proteger seus cidadãos, a engenharia civil prova ser uma disciplina que é ao mesmo tempo prática e patriótica.

Ao moldar o ambiente físico, portanto, a engenharia civil é uma disciplina que está intrinsecamente ligada ao desenvolvimento e à soberania mesma de um país. Sua contribuição para a infraestrutura, a economia, o bem-estar social, a defesa, a segurança e a inovação são fundamentais para o crescimento e a independência de uma nação.

É importante que o valor da engenharia civil seja reconhecido e apreciado, e que se invista no fortalecimento deste campo. Deste modo, os países poderão continuar a progredir e manter a soberania, fornecendo uma vida melhor para seus cidadãos e contribuindo para o desenvolvimento global.

A engenharia civil é mais do que apenas uma disciplina técnica - é uma peça-chave na construção da sociedade e do futuro. Ela permite que os países mantenham e aumentem sua soberania, ao mesmo tempo em que oferece as ferramentas para enfrentar os desafios do futuro. Ao investir e apoiar a engenharia civil, as nações não estão apenas melhorando sua infraestrutura física, mas também construindo um futuro mais brilhante e seguro para todos.

2.1 Por que a Engenharia Civil é tão Vital

A engenharia civil é uma profissão cuja técnica e arte molda e estrutura o mundo em que vivemos, melhorando a qualidade de vida das pessoas. Por meio deste opúsculo visamos apresentar as melhores razões que demonstrem esta verdade.

2.1.1 Infraestrutura e Desenvolvimento da Sociedade

A engenharia civil é indispensável para a infraestrutura e o desenvolvimento da sociedade. Engenheiros civis projetam e constroem os alicerces da nossa vida diária: estradas, pontes, hospitais, escolas, aeroportos, edifícios, sistemas de água e esgoto, barragens, entre outros. Ou seja, estruturas cruciais para o funcionamento das cidades e para a mobilidade e segurança das pessoas.

2.1.2 Promoção do Desenvolvimento Sustentável

Com o crescimento das preocupações ambientais, notadamente pelo desastroso aquecimento global que já se mostra como trágica realidade, a engenharia civil desempenha um papel crucial na promoção do desenvolvimento sustentável. Engenheiros civis estão na linha de frente da criação de estruturas ecologicamente corretas, e na utilização de práticas construtivas que minimizam o impacto ambiental. Seja através do uso de materiais sustentáveis, ou através da construção de edifícios energeticamente eficientes, a engenharia civil é fundamental para um futuro mais verde. O papel do engenheiro se expande a outras áreas, como a mobilidade e transporte de pessoas e cargas, desenvolvendo modais; saneamento público, construindo dutos e canais etc.

2.1.3 Resiliência a Desastres

A engenharia civil é uma profissão que contribui diretamente para a proteção de vidas humanas, ao projetar estruturas capazes de resistir a terremotos, inundações e outros desastres naturais. Além disso, ela é frequente frequentemente convocada a prestar assistência em situações de desastres, ajudando a conter, avaliar e reparar os danos causados.

2.1.4 Inovação Tecnológica

A engenharia civil está na vanguarda da inovação tecnológica, valendo-se da evolução das tecnologias, como o uso da impressão 3D na construção. É crescente importância que a engenharia tem dado à automação, por meio da integração de tecnologias que envolvem inclusive as de inteligência artificial e *machine learning*, que prometem revolucionar ainda mais o campo.

2.1.5 Melhoramento da Saúde Pública

A engenharia civil tem um papel fundamental também na melhoria da saúde pública. Através do design de sistemas de água potável e saneamento, engenheiros civis ajudam a prevenir a propagação de doenças e melhorar a qualidade de vida das pessoas. Além disso, a criação de espaços públicos, como parques e áreas de lazer, contribui para o bem-estar e saúde do corpo e da mente da população.

2.1.6 Desenvolvimento e Autonomia do País

A engenharia civil, como força motriz na criação e manutenção da infraestrutura física de uma nação, desempenha um papel de fundamental importância na garantia do *desenvolvimento* e da *autonomia* do país. Trata-se de uma disciplina crucial, que contribui para estes dois aspectos vitais de uma nação.

2.1.7 Desenvolvimento Nacional

O desenvolvimento de um país é medido em vários aspectos: economia, educação, saúde, bem-estar social, e todos eles estão intimamente ligados à infraestrutura física que a engenharia civil cria e mantém.

2.1.8 Economia

Estradas, pontes, portos, aeroportos e ferrovias, projetados e construídos por engenheiros civis, são a espinha dorsal de qualquer economia. Eles facilitam o comércio, tanto internamente como internacionalmente, permitem a movimentação eficiente de pessoas e mercadorias e atraem investimentos.

2.1.9 Educação e Saúde

A construção de escolas e hospitais permite que os serviços de educação e saúde alcancem todas as partes do país, garantindo que nenhum cidadão seja deixado para trás.

2.1.10 Bem-estar social

A engenharia civil é responsável pela criação de infraestruturas de água e saneamento, habitação e espaços públicos como parques e áreas de recreação, contribuindo diretamente para o bem-estar social.

2.1.11 Soberania

A soberania de um país não é apenas sobre a autodeterminação política, mas também sobre a capacidade de prover e manter a infraestrutura necessária para apoiar sua população e economia.

2.1.12 Autossuficiência em Infraestrutura

Um país com forte capacidade em engenharia civil é capaz de construir e manter sua própria infraestrutura, reduzindo a dependência de assistência ou intervenção estrangeira.

2.1.13 Defesa e Segurança

Infraestruturas estratégicas, como pontes, estradas e portos, são fundamentais para as operações de defesa e segurança de um país. A engenharia civil, por sua vez, desempenha um papel crucial na construção destas infraestruturas, que garantem as fronteiras.

2.1.14 Adaptação e Resiliência

Em face das mudanças climáticas e de outros desafios ambientais, a engenharia civil é que fornece soluções que permitem a um país adaptar-se e tornar-se resiliente. Isso pode variar de infraestruturas costeiras que protegem contra a elevação do nível do mar, a construção de edifícios e pontes capazes de resistir a terremotos.

2.1.15 Aumento da Competitividade Global

A competência em engenharia civil contribui para determinar o grau de competitividade global de um país. A capacidade de criar infraestruturas modernas e eficientes dinamizam a produção interna e acabam também por atrair investimentos estrangeiros, aumentando a posição do país no cenário econômico global.

2.1.16 Equilíbrio no Desenvolvimento Regional

Os engenheiros civis também desempenham um papel essencial no desenvolvimento regional equilibrado. Ao projetar e implementar projetos de infraestrutura em áreas rurais e subdesenvolvidas, eles ajudam a garantir que todos os cidadãos tenham acesso a serviços básicos, independentemente de onde vivam. Isso também ajuda a evitar a superlotação das cidades e promove a distribuição equitativa da população e da economia.

2.1.17 Inovação e Pesquisa

A engenharia civil também é um campo que promove a inovação e a pesquisa. Seja através do desenvolvimento de materiais de construção mais ecológicos, técnicas de construção mais eficientes ou tecnologias de construção inteligente: os engenheiros civis estão constantemente impulsionando os limites do que é possível. Isso não apenas beneficia a infraestrutura do país, mas também contribui para a base de conhecimento global e o progresso tecnológico.

2.2 Educação e Formação em Engenharia Civil

Os engenheiros civis são a força motriz por trás de todas essas contribuições vitais para a sociedade. Portanto, investir em educação e formação em engenharia civil é um passo importante para o desenvolvimento e soberania de um país. Isso garante que haverá profissionais qualificados disponíveis para projetar, implementar e manter a infraestrutura necessária.

2.3 A Engenharia Civil e os Desafios Futuros

O mundo está mudando rapidamente e os desafios do futuro serão numerosos. A mudança climática, o crescimento populacional, a urbanização e a necessidade de desenvolvimento sustentável são apenas alguns dos desafios que teremos que enfrentar. A engenharia civil, com sua capacidade de inovar e resolver problemas, estará na vanguarda dessas questões.

2.4 Promoção de Políticas Públicas

As políticas públicas também desempenham um papel crucial na capacidade da engenharia civil de contribuir para o desenvolvimento e soberania de um país. Políticas que apoiam a inovação, fornecem financiamento para infraestrutura, incentivam a educação em campos STEM (Ciência, Tecnologia, Engenharia e Matemática) e consideram a sustentabilidade ambiental são fundamentais para maximizar o impacto da engenharia civil.

2.5 Engenharia Civil e o Desenvolvimento Social

Além de sua influência direta na infraestrutura física, a engenharia civil também tem implicações profundas no desenvolvimento social de uma nação. Cidades bem projetadas com acesso adequado a serviços básicos como água potável, saneamento, transporte público e espaços verdes podem melhorar significativamente a qualidade de vida das pessoas. Além disso, projetos de engenharia civil também podem ser usados para impulsionar o desenvolvimento econômico local e reduzir a pobreza. Por exemplo, a construção de uma nova estrada ou ponte pode criar empregos, facilitar o comércio e abrir novas oportunidades para as comunidades locais.

2.6 Engenharia Civil e Políticas Públicas

A engenharia civil também pode informar e orientar políticas públicas. Os engenheiros civis podem trabalhar com formuladores de políticas para desenvolver regulamentos e padrões que garantam a segurança, eficiência e sustentabilidade dos projetos de infraestrutura. Eles também podem fornecer conhecimento técnico em áreas como gestão de recursos hídricos, planejamento urbano e adaptação às mudanças climáticas.

2.7 Engenharia Civil e Participação Cidadã

Outro aspecto importante da engenharia civil é o seu papel na promoção da participação cidadã. Em muitos projetos de infraestrutura, é crucial envolver as comunidades locais no processo de planejamento e tomada de decisões. Isso não só garante que os projetos atendam às necessidades e prioridades locais, mas também contribui para uma sociedade mais inclusiva e democrática.

2.8 Engenharia Civil e o Futuro

À medida que entramos em uma era de desafios crescentes e complexos, o papel da engenharia civil torna-se ainda mais crucial. Será necessária uma abordagem multidisciplinar para resolver problemas como as mudanças climáticas, o crescimento urbano e a necessidade de infraestrutura resiliente e sustentável.

Portanto, é vital que continuemos a valorizar, investir e inovar na engenharia civil. Afinal, esta disciplina tem o potencial não só para moldar nosso ambiente físico, mas também para construir um futuro mais próspero, seguro e equitativo para todos.

3 Os Conselhos Regionais de Engenharia: A Força Motriz da Profissão

Os Conselhos Regionais de Engenharia, como CREA-SP, desempenham um papel crucial na profissão de engenharia e na sociedade em geral. Estes órgãos reguladores trabalham para garantir a qualidade e a ética na prática da engenharia, ao mesmo tempo que promovem o desenvolvimento contínuo do campo.

E ao garantir a qualidade e a ética na prática da engenharia, promovem o desenvolvimento profissional, defendem os interesses da profissão e contribuem para a inovação e a sustentabilidade, pois ajudam a garantir que a engenharia continue a desempenhar seu papel crucial na construção de um futuro mais brilhante e sustentável.

Os Conselhos Regionais de Engenharia, como defensores vitais para a profissão de engenharia, ajudam a garantir que a profissão de engenharia continue a prosperar e contribuir de forma significativa para a sociedade. Sem o trabalho incansável desses conselhos, a profissão de engenharia seria ainda menos reconhecida e valorizada que é hoje.

3.1 Os Conselhos Regionais de Engenharia como Defensores dos Interesses da Profissão de Engenharia

A prática da engenharia é complexa e tecnicamente desafiadora, pois exige conhecimento, habilidade e integridade. Por esta razão, é fundamental que existam órgãos que defendam os interesses dos engenheiros e da profissão em si. Neste contexto, os Conselhos Regionais de Engenharia desempenham um papel inestimável, atuando como defensores de confiança e incansáveis para a profissão de engenharia.

3.2 Garantia de Qualidade e Ética na Prática da Engenharia

Uma das funções mais importantes dos Conselhos Regionais de Engenharia é regular a prática da engenharia. Como responsáveis por emitir licenças para engenheiros, garantem que apenas os indivíduos qualificados possam praticar a profissão. Além disso, os conselhos regionais estabelecem e aplicam normas éticas para a prática da engenharia, o que ajuda a manter a integridade da profissão e a proteger o público.

3.3 Promoção do Desenvolvimento Profissional

Os Conselhos Regionais de Engenharia também desempenham um papel importante na promoção do desenvolvimento profissional contínuo. Eles organizam conferências, workshops e seminários, além de oferecer oportunidades de treinamento e certificação. Esses esforços ajudam os engenheiros a se manterem atualizados com os desenvolvimentos mais recentes em seu campo e a aprimorar suas habilidades e conhecimentos.

3.4 Defesa dos Interesses da Profissão

São os Conselhos Regionais de Engenharia que representam os engenheiros em discussões políticas e tomadas de decisão que afetam a profissão, nas quais trabalham para garantir que as necessidades e preocupações dos engenheiros sejam consideradas. Além disso, esses conselhos também trabalham para promover a profissão de engenharia para o público em geral e incentivar mais pessoas a entrarem no campo.

3.5 Contribuição para a Inovação e a Sustentabilidade

Com um forte foco em inovação e sustentabilidade, os Conselhos Regionais de Engenharia também estão na vanguarda de alguns dos desafios mais urgentes de nossa época. Eles incentivam a pesquisa e a inovação em áreas como energia renovável, construção sustentável e adaptação às mudanças climáticas. Além disso, muitos conselhos também estabelecem diretrizes e padrões para práticas de engenharia sustentáveis, ajudando a promover uma abordagem mais ecológica e responsável para a prática da engenharia.

3.6 Representação Profissional

Os Conselhos Regionais de Engenharia atuam como a voz coletiva dos engenheiros em sua jurisdição. Eles são encarregados de representar os engenheiros em questões políticas, legislativas e regulatórias que afetam a profissão. Isso pode envolver o lobby junto aos governos para garantir que os interesses dos engenheiros sejam considerados na tomada de decisões políticas, ou trabalhar para influenciar a legislação e a regulamentação que afetam a prática da engenharia.

3.7 Proteção de Direitos e Interesses

Além de representar os engenheiros, os Conselhos Regionais de Engenharia também trabalham para proteger os direitos e interesses dos engenheiros. Isso pode envolver a defesa de salários justos e condições de trabalho, ou a proteção do direito dos engenheiros de praticar sua profissão sem interferência indevida. Eles também podem intervir em casos em que os engenheiros são tratados injustamente ou são alvo de práticas antiéticas.

3.8 Promoção da Profissão

Os Conselhos Regionais de Engenharia também têm o papel crucial de promover a profissão de engenharia para o público em geral e incentivar mais pessoas a entrar no campo. Eles podem fazer isso por meio de campanhas de sensibilização, programas educacionais, e eventos que destacam o valor e a importância da engenharia. Além disso, esses conselhos também trabalham para garantir que a engenharia seja vista como uma carreira atraente e gratificante.

3.9 Defesa da Excelência Profissional e da Ética

A defesa dos interesses da profissão de engenharia também envolve o compromisso com a excelência profissional e a ética. Os Conselhos Regionais de Engenharia estabelecem e fazem cumprir padrões elevados de prática e comportamento para os engenheiros. Eles também fornecem orientação e recursos para ajudar os engenheiros a aderir a esses padrões e manter a integridade da profissão.

4 O Papel Capital das Associações Regionais de Engenharia

A Associação regional como núcleo do Conselho

Apesar da importância e abrangência dos Conselhos, estes inexistiriam sem as Associações regionais, que são a base do sistema.

As associações profissionais têm desempenhado um papel central no avanço da engenharia por mais de um século. Por serem regionais e portanto mais próximas do profissional de engenharia, essas organizações dedicam-se a apoiar engenheiros em suas carreiras, promover melhores práticas e elevar o status da profissão. Este capítulo explora a evolução histórica das associações de engenharia e por que elas são vitais para este campo profissional.

As associações regionais desempenham uma função essencial na engenharia brasileira, conectando profissionais e promovendo boas práticas em todas as regiões do país. Este capítulo explora a evolução e o impacto dessas organizações nos estados e cidades do Brasil.

4.2 Os primeiros grupos regionais

As primeiras associações de engenheiros no Brasil surgiram nas capitais no início do século 20, como a Associação de Engenheiros e Arquitetos do Rio de Janeiro em 1880. Mas a profissão permaneceu centrada no Sudeste até meados do século.

Isso começou a mudar nas décadas de 1950-60 com a fundação de associações pioneiras no Nordeste e Sul, como o Instituto de Engenharia do Paraná (1951) e a Associação Profissional dos Engenheiros de Pernambuco (1952).

Essas organizações regionais realizavam as primeiras reuniões técnicas e cursos de atualização fora do eixo Rio-São Paulo. Elas também lutavam por políticas públicas locais benéficas à engenharia e ao desenvolvimento econômico.

4.3 Expansão nacional

Nas décadas de 1970-80, associações de engenharia floresceram em praticamente todos os estados brasileiros. Exemplos notáveis incluem o Instituto Mato-grossense de Engenheiros (1970), Associação Goiana de Engenharia (1976) e Associação de Engenharia e Consultoria do Acre (1982).

Elas organizaram os profissionais dispersos pelo país e deram voz às necessidades de suas regiões. Elas também se tornaram polos de conhecimento técnico em áreas como construção, transporte e energia adaptadas às realidades locais.

Com a constituição de 1988, as associações regionais participaram ativamente na organização dos novos conselhos estaduais de engenharia que regulamentam a profissão. Esses conselhos dependem intimamente de suas associações locais até hoje.

4.4 Serviços aos membros

As associações de engenharia nos estados e cidades prestam valiosos serviços aos seus filiados. Elas organizam eventos educacionais de alta qualidade com custos mais acessíveis que as capitais.

As publicações e bibliotecas das associações ajudam os membros a acessar normas técnicas e melhores práticas. Elas também negociam descontos com fornecedores locais de software e equipamentos.

O networking entre colegas, mentoria para novos profissionais e vagas de emprego são outros benefícios. As associações representam e conectam engenheiros por todo o Brasil.

4.5 Influenciando as políticas regionais

As associações estaduais e municipais desempenham um papel único na promoção de políticas públicas para a engenharia em suas localidades. Elas defendem investimentos em infraestrutura que atendam às necessidades de suas regiões.

Por exemplo, associações nordestinas foram cruciais para políticas de recursos hídricos e irrigação que expandiram o potencial agrícola da região. Já no Sul, as associações advogam pelo desenvolvimento tecnológico e inovação.

As associações também monitoram e consultam sobre regulamentações, licitações, questões ambientais e padrões técnicos. Elas garantem que as especificidades regionais sejam consideradas pelos tomadores de decisão.

4.6 Parcerias e colaboração

Para ampliar seu impacto, as associações regionais cultivam parcerias estratégicas com grupos locais e nacionais. Elas colaboram com conselhos de engenharia, universidades, sindicatos, governos estaduais e municipais.

Inciativas conjuntas incluem feiras e congressos técnicos, cursos de extensão, pesquisas sobre o mercado de trabalho e políticas para atração de investimentos em alta tecnologia.

As associações também compartilham melhores práticas entre si. Cooperação em áreas como responsabilidade técnica, remuneração e segurança no trabalho beneficia engenheiros em todas as regiões.

4.7 Desafios e oportunidades

As associações de engenharia enfrentam obstáculos como restrições orçamentárias e competição de grupos online. Mas elas têm oportunidades únicas de servir seus estados e cidades.

Ao se posicionarem como centros locais de conhecimento técnico e advocacia, elas podem garantir investimentos que atendam às necessidades de suas regiões. Colaborações estratégicas também podem ampliar o impacto das associações.

Investindo em seus membros e comunidades hoje, as associações regionais moldarão um futuro melhor para a engenharia brasileira em todas as suas diversas regiões.

4.8 À guisa de conclusão

As associações de engenharia nos estados e municípios desempenham um papel fundamental, ainda que frequentemente não reconhecido, na profissão brasileira. Elas conectam e capacitam engenheiros locais e moldam políticas benéficas à engenharia e ao desenvolvimento regional. À medida que o Brasil avança no século 21, essas organizações serão mais importantes do que nunca para descentralizar e fortalecer a engenharia nacional.

5 Sindicatos de Engenharia

5.1 O Papel Fundamental dos Sindicatos na Construção de uma Engenharia Nacional Forte

Ao longo de décadas de lutas e conquistas, os sindicatos se firmaram como guardiões dos interesses da engenharia brasileira. Sua representação coletiva foi essencial para o fortalecimento da profissão, a institucionalização de seus direitos trabalhistas e a formulação de políticas nacionais de desenvolvimento tecnológico. Este capítulo analisa a trajetória dos sindicatos e sua contribuição inestimável para o avanço dos engenheiros e da nação.

5.2 O começo da organização sindical

A origem dos sindicatos de engenheiros remonta às primeiras décadas do século XX, quando começaram a se organizar associações profissionais nas grandes cidades como Rio de Janeiro, São Paulo e Porto Alegre. Buscando unificar a representação nacional, fundou-se em 1936 a Federação Nacional dos Engenheiros (FNE), marco inicial do sindicalismo engenheiro.

Esses sindicatos incipientes lutavam principalmente por trabalho formal, regulamentação profissional e melhores condições de exercício da engenharia no Brasil. Eles se opunham ao crescente influxo de técnicos estrangeiros sem vínculo com os interesses nacionais. Lideranças sindicais progressistas como Euvaldo Lodi advogavam também por uma engenharia comprometida com a industrialização e com os recursos naturais e humanos do país.

O golpe do Estado Novo em 1937 foi um revés temporário para o movimento, que teve sua autonomia constrangida durante aquela fase do governo Vargas. Mas o fim do regime em 1945 abriu caminho para a rearticulação sindical.

5.3 Amadurecimento do sindicalismo engenheiro (1946-1964)

O retorno à democracia em 1946 criou um ambiente favorável à organização dos trabalhadores. Os sindicatos de engenheiros se fortaleceram e multiplicaram pelo país, bem como suas federações estaduais. As pautas se ampliaram, abarcando não apenas interesses corporativos, mas visões para o desenvolvimento nacional.

Conquistas importantes foram obtidas nesse período. Novas leis regulamentaram o exercício profissional e instituíram sistemas de previdência e pensões para os engenheiros. Acordos coletivos melhoraram os salários e condições de trabalho.

Duas grandes greves ocorreram, em 1953 e 1968, sinalizando a disposição dos engenheiros para a ação coletiva. Elas resultaram em reajustes significativos nas tabelas salariais.

Paralelamente, os sindicatos se consolidavam como importantes atores políticos. Eles defendiam uma agenda de industrialização com participação do capital nacional, investimentos em infraestrutura e criação de empresas públicas estratégicas. Essa visão desenvolvimentista ganhou força no governo de Juscelino Kubitschek.

5.4 Resistência e conquistas na ditadura (1964-1985)

O golpe civil-militar de 1964 foi um duro golpe no movimento sindical brasileiro. Lideranças de esquerda foram perseguidas e os sindicatos tiveram suas prerrogativas cerceadas.

Mas os engenheiros mantiveram relativa independência e continuaram mobilizados. Greves em 1968 e 1978 burlaram a repressão e reivindicaram reajustes salariais em períodos de arrocho. Os sindicatos também denunciavam a falta de investimentos em infraestrutura e a dependência tecnológica do exterior.

Outras conquistas da era incluíram a regulamentação da jornada de trabalho de 6 horas em 1969 e a criação de conselhos regionais de engenharia a partir de 1974 para fiscalizar o exercício profissional.

Na década de 1980, os sindicatos lideraram a campanha *Diretas Já*, preparando o caminho para a redemocratização. Eles reivindicavam eleições livres e retomada do desenvolvimento.

5.5 Protagonismo democrático (1985-2002)

Com a nova constituição de 1988, que assegurou liberdades sindicais, os engenheiros intensificaram sua participação política. Os sindicatos atuaram junto à Assembleia Constituinte, defendendo pautas como a nacionalização do sistema financeiro e monopólio estatal do petróleo.

Nos anos 1990, enfrentaram os desafios do modelo neoliberal de Collor, Itamar e FHC, denunciando a precarização do trabalho, desemprego, privatizações e desmonte das políticas industriais. Greves gerais em 1987, 1996 e 1998 marcaram a resistência dos trabalhadores.

Os sindicatos também tiveram papel ativo na regulamentação da profissão e fiscalização ética através dos Conselhos Regionais e do Conselho Federal de Engenharia e Agronomia.

Alianças estratégicas foram construídas com entidades acadêmicas e outras organizações da sociedade civil em defesa da engenharia nacional.

5.6 Resultados recentes (2003-2018)

Nas últimas décadas, os sindicatos somaram importantes vitórias, como:

- Piso profissional e previdenciário baseado em múltiplos do salário-mínimo.

- Fim do fator previdenciário e máximo de contribuição do INSS sobre o teto do RGPS.
- Aumento recorde dos investimentos federais em infraestrutura para mais de R$250 bilhões em 2012 e retomada dos setores estratégicos de energia, construção civil e transportes.
- Lei de cotas em concursos públicos, resultando em aumento de mulheres e negros na engenharia.
- Política de conteúdo nacional no Pré-Sal, exigindo 65% de âncoras e plataformas nacionais e 70% para navios-sonda.
- Novo marco de licitações priorizando projetos nacionais com financiamento do BNDES em infraestrutura.
- Expansão das universidades e cursos de engenharia, quadruplicando as vagas nas federais.

5.7 Desafios e lutas atuais

Apesar dos avanços, ainda restam muitas batalhas, como combater:

- Informalidade e terceirização crescentes.
- Estagnação econômica e arrocho fiscal que limitam investimentos.
- Desemprego e desvalorização dos salários.
- Privatizações em setores estratégicos.

Os sindicatos também lutam pela ampliação de recursos para ciência e tecnologia e por oportunidades para jovens engenheiros. A defesa de um projeto soberano de nação permanece uma bandeira central.

Para isso, a organização política e unidade de ação com outras entidades da engenharia é crucial. Os sindicatos seguem cumprindo seu papel histórico na construção de uma engenharia técnica e eticamente forte a serviço do povo brasileiro.

5.8 Concluindo

Em suma, ao longo de mais de 80 anos de história, os sindicatos foram protagonistas na institucionalização dos direitos e representação política da engenharia brasileira. As inúmeras conquistas para regularização do exercício profissional, direitos trabalhistas diferenciados e políticas de desenvolvimento tecnológico ilustram seu impacto para o fortalecimento da categoria e da nação. Hoje sua representação vigilante e combativa continua sendo essencial para a construção de um futuro próspero e soberano para o Brasil através da engenharia.

6 Engenharia Agronômica

Inicialmente queremos expressar nosso máximo respeito por esta que é a mais antiga entre todas as engenharias que o homem desenvolveu, e da qual todos nós dependemos mais diretamente.

6.1 História e origens da engenharia agronômica no Brasil

Os primeiros passos formais da engenharia agronômica no Brasil foram dados ainda no século 19, com a fundação de instituições voltadas para o ensino e pesquisa em agricultura. Em 1874, foi fundada a Imperial Estação Agronômica de Campinas, considerada a primeira instituição do gênero na América Latina.

A Estação Agronômica, que mais tarde deu origem ao Instituto Agronômico de Campinas, tinha como objetivo realizar pesquisas em tecnologias agrícolas e difundir conhecimentos para o setor. Na época, a agropecuária brasileira tinha baixos níveis de produtividade e carecia de conhecimento técnico-científico.

Em 1897 foi criado o curso superior de Agronomia vinculado ao Instituto Agronômico de Campinas, conferindo pela primeira vez o título de engenheiro agrônomo no país. Esse curso pioneiro formou profissionais capacitados para impulsionar o desenvolvimento da agricultura e pecuária no Brasil por meio da ciência e tecnologia.

6.2 As primeiras décadas de pesquisa em solos, clima e novas culturas

Nas primeiras décadas, a engenharia agronômica no país focou em levantamentos sobre solos, estudos climáticos e zoneamento agrícola. Foram também realizados experimentos de introdução e aclimatação de novas culturas com potencial produtivo para as condições brasileiras.

Essas pesquisas permitiram gerar conhecimento aplicado sobre os desafios e oportunidades da agricultura nos trópicos, identificando as culturas mais adequadas para cada região e tipo de solo. Elas foram fundamentais para orientar o desenvolvimento da agropecuária com bases técnico-científicas.

Os engenheiros agrônomos realizaram mapeamentos de solos em várias regiões, analisando características como fertilidade, necessidade de correção, capacidade de retenção de água, suscetibilidade à erosão, entre outros fatores relevantes. Em paralelo, foram instaladas estações meteorológicas para estudos climáticos voltados à agricultura.

Em experimentos de campo, novas culturas foram testadas quanto à adaptabilidade, resistência a pragas e doenças, requisitos nutricionais, resposta a diferentes práticas de manejo etc. Diversas culturas se destacaram nesses testes, como soja, trigo, arroz, milho, café e algodão. Isso orientou políticas públicas para fomentar essas cadeias produtivas.

6.3 A Escola Superior de Agricultura Luiz de Queiroz e a modernização da pesquisa

Um marco histórico foi a criação da Escola Superior de Agricultura Luiz de Queiroz (Esalq) em Piracicaba, São Paulo, em 1901. Vinculada à Universidade de São Paulo desde 1934, a Esalq logo se tornou referência nacional na pesquisa e formação de engenheiros agrônomos.

Cientistas da Esalq realizaram estudos pioneiros em áreas como microbiologia agrícola, fitopatologia, entomologia, melhoramento genético vegetal, ecologia agrícola, irrigação e drenagem. Esses estudos geraram conhecimentos e tecnologias fundamentais para o avanço da agricultura brasileira ao longo do século 20.

Um marco na Esalq foi a criação do Departamento de Zootecnia em 1937, impulsionando pesquisas em produção animal. Na década de 1950, a Esalq firmou cooperação com a FAO, recebendo missões de consultores internacionais que contribuíram para modernizar o ensino e a pesquisa agronômica.

6.4 Expansão da fronteira agrícola para o Cerrado

Na década de 1950, engenheiros agrônomos tiveram participação de destaque nos estudos de adaptação da agricultura aos solos do Cerrado, até então vistos como impróprios para cultivo em larga escala.

Pesquisadores da Esalq, do Instituto Agronômico de Campinas e da recém criada Embrapa estudaram correção e fertilidade do solo do Cerrado, desenvolvendo pacotes tecnológicos para viabilizar o cultivo comercial de soja, milho, arroz e outras culturas.

Essas pesquisas permitiram a expansão da fronteira agrícola para o interior do Brasil, trazendo enormes ganhos de produtividade e produção de grãos. Elas transformaram o Cerrado na maior fronteira de expansão agropecuária do país nas décadas seguintes.

Além dos solos, a engenharia agronômica gerou conhecimento aplicado sobre o clima do Cerrado, regime hídrico, capacidade de suporte das pastagens nativas e outras características relevantes para a pecuária bovina extensiva na região.

6.5 Mecanização da agricultura

Com a modernização da agricultura brasileira a partir dos anos 1960, a engenharia agronômica passou a focar no desenvolvimento de máquinas, implementos e insumos adaptados às lavouras tropicais.

Os engenheiros agrônomos atuaram no design e fabricação de tratores, colheitadeiras, plantadeiras e pulverizadores apropriados às diferentes culturas, tipos de solo e topografia das lavouras brasileiras.

Esses equipamentos, juntamente com novas variedades e fertilizantes, impulsionaram ganhos de produtividade e escala na agricultura nacional. As pesquisas em mecanização também geraram conhecimento sobre compactação e conservação do solo, fundamentais para o plantio direto.

Paralelamente, técnicas de irrigação e drenagem foram aprimoradas para viabilizar a agricultura mesmo em períodos de estiagem ou em solos com excesso de umidade. Novos sistemas de irrigação por aspersão, gotejamento e pivô central expandiram as áreas irrigadas no país.

6.6 Pesquisa em insumos e variedades

A engenharia agronômica também foi decisiva no desenvolvimento de fertilizantes, herbicidas, inseticidas e sementes adaptados às condições tropicais brasileiras.

Em fertilizantes, foram feitos estudos de formulações mais eficientes e de liberação controlada de nutrientes. Já em defensivos, os agrônomos identificaram princípios ativos mais seletivos e menos tóxicos para as lavouras do país.

No melhoramento genético, diversas instituições lançaram novas variedades de grãos, fibras e outras culturas. Essas variedades apresentavam maior potencial produtivo, resistência a pragas, adaptação ao clima brasileiro e qualidade industrial no caso de culturas para processamento.

A Embrapa, criada em 1973, desempenhou papel central nessa área, lançando centenas de novas cultivares de soja, milho, algodão, arroz, feijão, mandioca, trigo e outras espécies. Isso propiciou saltos de produtividade na agropecuária nacional.

6.7 Pesquisas em pecuária e integração lavoura-pecuária

Nas décadas de 1970 e 80, a engenharia agronômica gerou avanços significativos na pecuária bovina, com destaque para estudos em nutrição animal, melhoramento genético e manejo de pastagens.

Foram desenvolvidos sistemas de confinamento e semiconfinamento para engorda intensiva de gado. Também houve expansão das técnicas de suplementação alimentar na seca, permitindo maior produtividade e taxas de desfrute do rebanho.

Pesquisas ainda identificaram espécies forrageiras mais produtivas e adaptadas aos diferentes biomas brasileiros. Isso permitiu aumentar a capacidade de suporte das pastagens cultivadas.

Mais recentemente, a engenharia agronômica tem estudado sistemas de integração lavoura-pecuária-floresta, buscando diversificar e tornar mais sustentáveis as propriedades rurais. A implantação desses sistemas vem crescendo no país, especialmente no Cerrado.

6.8 Agricultura de precisão, manejo da irrigação e agricultura 4.0

Nas últimas décadas, soluções de engenharia agronômica têm incorporado novas tecnologias para gestão eficiente dos sistemas produtivos. Técnicas de agricultura de precisão, novos modelos de irrigação e conceitos de agricultura 4.0 têm ganhado espaço.

O uso de imagens de satélite, drones e sensores integrados a máquinas agrícolas gerou grandes avanços no monitoramento e manejo localizado de lavouras e rebanhos. Essas ferramentas possibilitam o manejo por zonas de manejo dentro das propriedades rurais.

Já na irrigação, técnicas de modelagem, automação e controle em tempo real trouxeram ganhos de eficiência no uso da água. Há ainda maior integração entre a fertirrigação e as necessidades específicas de cada talhão.

Na pecuária, o sensoriamento remoto identifica zonas de menor produtividade das pastagens para recuperação. Dados em tempo real também apoiam o manejo mais eficaz dos animais.

Essas e outras soluções estão inseridas na agricultura 4.0, que utiliza sistemas ciberfísicos, internet das coisas e inteligência artificial para gerir as atividades no campo com mais precisão e eficiência.

6.9 Biotecnologia e agricultura de baixo carbono

A engenharia agronômica também tem contribuído para o desenvolvimento da agricultura de baixo carbono e aplicações da biotecnologia.

Na Embrapa e outras instituições, pesquisadores desenvolvem processos mais eficientes de fixação biológica de nitrogênio para reduzir a dependência por fertilizantes nitrogenados.

Técnicas de seleção assistida por marcadores moleculares aceleram o melhoramento genético na identificação de plantas superiores. Já na geração de cultivares transgênicas, os cuidados técnicos dos engenheiros agrônomos são fundamentais para o sucesso da inserção precisa dos genes de interesse.

Os agrônomos também estudam sistemas de integração lavoura-pecuária-floresta para maior sequestro de carbono e sustentabilidade da agricultura brasileira.

6.10 Engenharia de alimentos e bioeconomia

Outra área de destaque para a engenharia agronômica é o processamento de alimentos e o aproveitamento integral de biomassa para a bioeconomia.

Nas indústrias alimentícias, os engenheiros agrônomos atuam no desenvolvimento de novos produtos, otimização de processos, controle de qualidade e gestão da segurança alimentar.

Já na bioeconomia, a engenharia agronômica estuda novas cadeias produtivas para geração de bioenergia, biomateriais, biomoléculas e outros produtos de alto valor agregado a partir da biomassa vegetal.

6.11 Desafios futuros para a engenharia agronômica

A engenharia agronômica terá papel central para incrementar a produtividade da agropecuária brasileira nas próximas décadas, conciliando ganhos de escala e eficiência com conservação ambiental.

Novos sistemas tecnológicos deverão integrar técnicas avançadas de agricultura digital, automação, sensoriamento remoto e uso de big data para manejo preciso dos cultivos em escala.

A robotização de tarefas no campo, agricultura de precisão e sistemas ciberfísicos serão áreas de grande desenvolvimento. Técnicas para uso eficiente de insumos, como a fertirrigação de precisão, também terão espaço.

Na pecuária, os desafios incluem o desenvolvimento de sistemas silvipastoris mais produtivos e a integração com lavouras na mesma propriedade. A identificação automática e monitoramento remoto de animais permitirá manejo mais individualizado dos rebanhos.

A sustentabilidade dos sistemas produtivos, conservação do solo e água e baixa emissão de carbono serão temas críticos para a engenharia agronômica. As propriedades deverão ser geridas como ecossistemas interligados, com máximo aproveitamento dos ciclos minerais e de biomassa.

7 Porto de Santos

Os portos se ligam a todos os ramos da engenharia, direta ou indiretamente. Por isso cabe trazer este conteúdo referende ao maior Porto da América Latina.

O Porto de Santos desempenha um papel vital na economia brasileira. Localizado no litoral do estado de São Paulo, é o maior porto da América Latina, movimentando cerca de 140 milhões de toneladas de cargas por ano. Sua história e evolução ao longo dos séculos está intimamente ligada aos avanços da engenharia portuária, que propiciaram melhorias contínuas em infraestrutura, operações e gestão ambiental.

Este capítulo abordará a trajetória do Porto de Santos e a essencial contribuição da engenharia para seu desenvolvimento. Serão explorados projetos específicos que modernizaram o porto, o impacto econômico e social de suas atividades, e perspectivas para o futuro, considerando a permanência da administração pública.

7.1 Primeiros anos e obras iniciais

Os primeiros navios fundearam na Baía de Santos já no século 16, quando expedições portuguesas exploravam a costa brasileira. Nos séculos seguintes, o povoamento da região se intensificou. Mas foi somente na segunda metade do século 19 que teve início a construção de infraestruturas portuárias mais robustas.

Nessa época, foram erguidos os primeiros armazéns, trapiches e pequenos cais de acostagem. Também foi aprofundado e balizado o canal de navegação. Essas melhorias incipientes permitiram ampliar modestamente as operações portuárias.

No início do século 20, o engenheiro português Saturnino de Brito elaborou o primeiro plano de expansão do porto. Foram executadas obras de maior envergadura, como aterros hidráulicos, cais de alvenaria e novos armazéns.

Saturnino de Brito também projetou as primeiras guias-correntes para auxiliar na manobra e atracação dos navios. Essas obras viabilizaram a recepção de embarcações de maior calado na época.

7.2 Consolidação nos anos 1930-1950

Na década de 1930, o Porto de Santos se consolida como principal porto do Brasil, superando o Rio de Janeiro em movimentação de carga. Investimentos do governo federal em infraestrutura foram decisivos para essa ascensão.

Nesse período foram construídos novos armazéns, silos, melhorias no acesso ferroviário e rodoviário. Também foram instalados os primeiros guindastes elétricos e outras facilidades de movimentação de carga. Tudo para dar mais agilidade e escala às operações.

Durante a Segunda Guerra Mundial, as exportações brasileiras cresceram muito, impulsionadas pela demanda dos países em conflito. Isso levou a novas obras para ampliação da capacidade do Porto de Santos.

Em 1946 foi inaugurado o Canal do Estuário, permitindo a entrada de navios de maior porte na Baía de Santos. Essa monumental obra de engenharia, somada a novos armazéns e equipamentos, consolidam a posição de liderança do porto.

7.3 Especialização em contêineres

A partir da década de 1960, o Porto de Santos se especializou no manejo de contêineres, acompanhando a tendência mundial de conteinerização do transporte marítimo.

São então construídos os primeiros terminais especializados em contêineres do país, trazendo ganhos de produtividade. Entre eles, destaca-se o Terminal de Contêineres do Porto (TCP) finalizado em 1982.

Esses terminais são dotados de infraestrutura e equipamentos modernos, como pátios de contêineres, portêineres (guindastes para contêineres), com sistema OCR de identificação automática dos caminhões, e sistemas de gerenciamento das operações.

Obras viárias também são realizadas para melhorar o acesso rodoviário ao porto, fundamental para o transporte de contêineres. Como o Anel Viário e a Via Expressa Portuária, finalizados nos anos 1990.

7.4 Modernização nos anos 1990 e 2000

Após um período de estagnação nos anos 1980, o Porto de Santos passa por amplo programa de modernização e expansão a partir dos anos 1990. Diversos projetos de engenharia são implementados para recuperar a capacidade e produtividade do porto.

São realizadas dragagens para aumentar a profundidade e largura do canal de navegação, permitindo a entrada de navios de maior porte. Também executadas obras de recuperação e expansão do cais com novos berços de atracação.

Inaugura-se o Terminal de Contêineres do Saboó (Tecon), operado pela DPWorld Santos, em 1997. Outros terminais como o Brasil Terminal Portuário e o Terminal XXX também são reativados com gestão privada.

É dada atenção especial à infraestrutura interna do porto, com a restauração de armazéns e pátios e investimentos em equipamentos como guindastes e transportadores. Isso agiliza o fluxo de cargas internamente.

7.5 Impactos econômicos e sociais

O Porto de Santos tem um enorme impacto positivo na economia brasileira. Como principal porto do país, movimenta cerca de 30% de todo o comércio exterior brasileiro. Sua proximidade com o estado de São Paulo, maior polo industrial nacional, é estratégica.

Ao longo do século XX, os projetos de expansão e modernização do porto, viabilizados pela engenharia portuária, permitiram um crescimento exponencial na movimentação de cargas e incremento das exportações brasileiras.

Isso impulsionou o desenvolvimento econômico regional e nacional. Somente a autoridade portuária gera cerca de 4.500 empregos diretos. Estima-se em mais 40 mil os postos de trabalho indiretos ligados à operação do porto.

Além dos aspectos econômicos, o porto gera externalidades positivas para a população de Santos e cidades vizinhas. Ao longo dos anos, os investimentos em infraestrutura vinculados ao porto permitiram melhorias na mobilidade urbana, saneamento básico e qualidade de vida na região.

7.6 Gestão ambiental

Nas últimas décadas, o Porto de Santos também progrediu muito em sustentabilidade ambiental. Foram implantados projetos para controle das emissões atmosféricas, tratamento de efluentes, gestão de resíduos sólidos e monitoramento da qualidade da água e sedimentos.

Entre as iniciativas, destaca-se a exigência, desde 1995, do uso de combustíveis de baixo teor de enxofre pelos navios para reduzir a poluição atmosférica. Também o tratamento e destinação adequada de efluentes oleosos e lixo dos navios.

Na gestão energética, 100% da energia elétrica consumida no porto é proveniente de fontes renováveis, por meio de um projeto de geração eólica implementado desde 2009.

Essas e outras ações colocam o Porto de Santos como referência nacional em sustentabilidade portuária. A recepção de certificações ambientais como a ISO 14001 comprova o compromisso com a responsabilidade socioambiental.

7.7 Projetos de engenharia destacados

Diversos projetos específicos de engenharia implantados nas últimas décadas merecem destaque por seus benefícios para o Porto de Santos.

7.8 Modernização do cais

Entre 1995 e 2014, o cais do porto foi completamente modernizado, com a recuperação de trechos antigos e implantação de novos trechos. Como resultado, a extensão do cais aumentou em 40%, para 17 km. Também houve ganhos significativos de produtividade e segurança nas operações de embarque e desembarque.

7.9 Dragagens de aprofundamento

Para receber navios de maior porte, foram realizadas dragagens do canal de acesso e bacia de evolução do porto nos anos 1990, 2000 e 2010. Como resultado, a profundidade do canal aumentou de 12 para 15 metros, permitindo a entrada de navios de até 366 metros de comprimento.

7.10 Via de acesso ao Tecon

A construção de uma via elevada de 3,5 km exclusiva para caminhões de contêineres do Tecon, finalizada em 2000, melhorou o fluxo de veículos e segurança no acesso ao terminal privativo. Isso também reduziu o tráfego de caminhões no trecho urbano.

7.11 Modernização da gestão portuária

Na gestão, foi implantado em 2006 o Portolog, moderno sistema para gerenciamento integrado das operações do porto em tempo real. Isso permitiu coordenar de forma mais eficiente os diferentes terminais, berços, equipamentos e fluxo de cargas.

7.12 Perspectivas futuras

O Porto de Santos tem investimentos previstos de R$ 3,5 bilhões até 2022, dentro do plano de desenvolvimento e zoneamento do porto. As principais obras envolvem a ampliação da capacidade de armazenagem e de movimentação de cargas.

Também estão previstas novas dragagens para manutenção das profundidades operacionais do canal. Dragas maiores e equipadas com tecnologia de ponta deverão ser utilizadas, gerando ganhos de eficiência.

Na área de TI, a tendência é ampliar a automação dos processos administrativos e operacionais por meio de soluções mais avançadas de TI e internet das coisas. A análise de big data para apoio às decisões operacionais também deverá ganhar espaço.

Do ponto de vista da engenharia, os futuros projetos no Porto de Santos deverão primar pela construção sustentável, uso de energia renovável, baixa emissão de carbono e proteção ambiental. A aplicação de conceitos de porto inteligente, com automatização e digitalização ampla das operações, é crucial para maior produtividade e competitividade.

Em resumo, o futuro do Porto de Santos é promissor, com boas perspectivas de crescimento sustentável por meio da contínua modernização viabilizada pela engenharia portuária. Seu papel estratégico para o comércio exterior e desenvolvimento econômico brasileiro tende a se fortalecer nas próximas décadas.

7.13 Conclusão

Ao longo de sua história, o Porto de Santos passou por grande transformação, deixando de ser uma pequena vila de pescadores no século 19 para se tornar o maior porto da América Latina. Essa notável evolução só foi possível graças aos constantes avanços da engenharia portuária, que permitiram ampliar e modernizar sua infraestrutura continuamente.

Os diversos projetos executados ao longo do tempo incrementaram significativamente a capacidade de movimentação de cargas, a eficiência operacional e a segurança do Porto de Santos. Como resultado, houve enorme impacto positivo na economia brasileira e na população da região.

O porto enfrentou grandes desafios e limitações em vários momentos históricos. Porém, a engenharia portuária sempre soube responder com soluções inovadoras e projetos ousados para o desenvolvimento do porto. E sem dúvida continuará contribuindo para que o Porto de Santos se mantenha competitivo e sustentável no futuro

PROPOSTA DO PLANO DE TRABALHO

ELEIÇÕES 2023 DO CREA-SP

Sumário

1 Justificativa 77

2 Plano de trabalho 81

1 Valorização do engenheiro 83
- 1.1 Profissional 83
- 1.2 Entidades de classe 84

2 Gestão inteligente 85
- 2.1 Auditoria 85
- 2.2 Economia 86
- 2.3 Tecnologia 87
- 2.4 Transparência 88
- 2.5 Eleições 88

3 Evolução profissional 89
- 3.1 Crea Jr e Crea Jovem 89
- 3.2 Convênios e Parcerias 90
- 3.3 Empreendedorismo 93

4 Trilhos de uma nova era 93
- 4.1 Igualdade e Inclusão 93
- 4.2 Sustentabilidade 95

1 Justificativa

Sob a consciência e a certeza da expressiva representatividade do Conselho Regional de Engenharia e Agronomia – CREASP, face à sua relevância social, cultural, econômica e humanística e, ainda, com convicção no que pode ser feito ao CREASP, estou me candidatando a presidência deste Conselho. Tendo caminhado há mais de 40 anos no universo da Sustentável Engenharia Brasileira, disponho-me com o compromisso e a certeza que será possível, neste mundo contemporâneo, envolvendo as políticas do Meio Ambiente, Responsabilidade Social e Governança, com empatia, interagir com a população tecnológica, atender aos seus anseios, e consolidar as necessidades básicas que permanecem no Brasil sem que o comprometimento apresentado se configure promessas evasivas e que, no decorrer do tempo, apenas exacerbem a proposta baseada e vivida em experiências neste tempo de vida protagonizada nos desejos de uma engenharia de alta envergadura qualificada, processos e métodos, garantindo seu tripé estrutural qualidade, economia e segurança em todos os seus segmentos.

O Conselho Regional de Engenharia e Agronomia, conforme último relatório de gestão de 2021 divulgado no site do CREASP, congrega uma população profissionalmente ativa de aproximadamente 300 mil inscritos, englobando um contingente superior a 80 mil empresas e 25 mil formandos por ano, devendo fazer- se atuante em todos os 645 municípios do estado de São Paulo através de suas 12 regionais e 181 unidades de atendimento. Isto posto, em consonância e pelos anseios da categoria, apresento uma proposta que através da qual e, com ajuda de todos, contempla e assegura procedimentos técnico-pedagógicos para gerenciar reconhecendo novos líderes para a efetivação da melhor atualização dos seus engenheiros e a eficácia de resultados inovadores pelos processos metodológicos desenvolvidos.

"Todo o meu propósito tendia apenas a certificar-me, e a retirar a terra movediça e a areia para encontrar a rocha ou a argila"

Decartes, Renné

2 Plano de trabalho

1 Valorização do engenheiro

1.1 Profissional

1.1.1 Construir mecanismos de consulta direta aos inscritos de todo o sistema no estado de São Paulo, nas decisões que mereçam uma discussão mais ampla, por meio de plebiscitos e consultas específicas, com critérios a serem definidos pelo plenário do Conselho, ouvida a diretoria e conjunto de lideranças.

1.1.2 Garantir a participação de profissionais habilitados em serviços, projetos e obras, com fiscalização efetiva, combatendo o exercício ilegal da profissão, inclusive no âmbito penal, em benefício dos profissionais e em prol de sua efetiva contribuição à sociedade;

1.1.3 Orientar a forma de recolocação pertinente de engenheiros em toda a hierarquia tecnológica empresarial;

1.1.4 Fiscalização e acompanhamento nas atividades tecnológicas, facilitando os conhecimentos técnicos para melhor entendimento dos profissionais e para o melhor manuseio de equipamentos técnico-científico às diversas áreas de atuação;

1.1.5 Promover ações que incentivem a valorização do salário profissional do engenheiro, buscando parcerias com o setor público e privado para implementação de políticas salariais justas e transparentes. Além disso, iremos trabalhar para fortalecer a fiscalização e o cumprimento das normas trabalhistas relacionadas aos engenheiros, visando coibir a prática de remuneração inadequada e garantir a valorização do trabalho realizado;

1.1.6 Fortalecer as interatividades do Departamento de Recursos Humanos - RH, constituindo grupos de estudo dos profissionais das Ciências Humanas e Exatas com foco nas pessoas contratadas e suas aptidões e eficiência profissionais bem como previsão de novas contratações e analisar as causas das dispensas, utilizando-se as técnicas e métodos que tratam de processo estatístico de dados que se utiliza de amostras pequenas para produzir recursos econômicos tanto para o funcionário quanto à empresa;

1.1.7 Impulsionar e facilitar a inserção dos engenheiros na administração pública, por meio de ações que promovam a valorização de sua formação e experiência, na dimensão do poder político e de gestão de Estado, ampliando a atividade do engenheiro-técnico para o engenheiro-técnico-político. Para isso, vamos fortalecer a interlocução entre o CREASP e os órgãos públicos, com o objetivo de influenciar na definição de políticas que valorizem a participação dos engenheiros em cargos estratégicos. Vamos buscar mecanismos de incentivo e reconhecimento para os profissionais que atuam na administração pública, garantindo que suas contribuições sejam valorizadas e que tenham voz ativa na tomada de decisões;

1.2 Entidades de classe

1.2.1 Valorizar as associações e entidades de classe/sindicato, destinando um percentual da ART a elas, que será distribuído independentemente de convênio. Apresentar ao Congresso Nacional uma proposta de Projeto de Lei que garanta esse apoio às associações, entidades de classe e ao sindicato;

1.2.2 Fomentar as parcerias e compartilhamentos pedagógicos com as Associações de Engenharia e Agronomia, contribuindo com a mentalidade da transferência de conhecimentos e aprendizagem efetiva ao longo da vida.

1.2.3 Para melhorar a eficiência e agilidade na fiscalização de obras, propõe-se a criação de um convênio com as associações de classe. Nesse convênio, o CREA-SP disponibilizaria a Sociedade Civil das Cidades, através das Assiações de Engenheiros serviços de peritagem em questões graves que a cidade e a região possam ter a necessidade da Engenharia. Essa parceria permitiria a terceirização dos peritos, resultando em um serviço mais rápido e eficiente.

2 Gestão inteligente

2.1 Auditoria

2.1.1 Revogar tudo que estiver irregular na administração em curso e a abertura de auditoria completa sobre finanças, administração, jurídico e outros, visando a efetividade das normas e protocolos de *Compliance*;

2.1.2 Avaliação mensal e semestral do índice de empregabilidade e dispensas de profissionais na região geográfica de sua abrangência implica em visitas pré-agendadas nas empresas, comércio, sindicatos e entidades de classe para um levantamento da situação socioeconômico do público tecnológico economicamente da ciência de dados, respeitadas as diretrizes da legislação atinente à proteção de dados;

2.1.3 Incentivar a celeridade procedimental, a fim de que se desenvolva a expectativa de um atendimento satisfatório em consonância à realidade explícita do mercado profissional, com as devidas justificativas para eventuais tempos excedentes que se façam necessários, orientando e prestigiando o público em todo o seu universo de interesse técnico em relação ao tempo de atendimento e resolução das questões postas.

2.1.4 Avaliação das funções dos fiscais e demais funcionários e da sua administração de forma dinâmica sob consultoria sistêmica, com destaque às associações com pertinência aos seus planos de trabalho, relatórios mensais, bimestrais, semestrais e seus agendamentos de visitas periódicas bem como suas prestações de contas onde uma ouvidoria contribua para o levantamento e coleta de dados, respeitadas as diretrizes da legislação atinente à proteção de dados.

2.2 Economia

2.2.1 Atuar com a força do CREASP para a redução efetiva das anuidades e taxas do sistema CONFEA/CREASP;

2.2.2 Será defendida a redução dos valores da Anotação de Responsabilidade Técnica (ART) e da anuidade. Além de um novo sistema de emissão de ART com recursos antifraude;

2.2.3 Fortalecer o Sistema CONFEA/CREASP e Mútua como protagonista de fato, dos rumos da Engenharia, da Agronomia, da Geologia, da Geografia, da Meteorologia e da Tecnologia nacionais, inserindo as instituições no dia a dia dos profissionais;

2.2.4 Incentivar e apoiar de forma ampla o universo das indústrias, quaisquer que sejam suas amplitudes e constituições empresariais;

2.2.5 Incentivo e conscientização dos grupos de trabalho nas empresas com respeito aos encontros mensais dos funcionários e reuniões quando se fizer necessário;

2.2.6 Com a criação de seu próprio conselho, arquitetos e urbanistas deixaram o sistema CONFEA/CREASP. Porém, será reinvindicado o retorno ao sistema daqueles que, além de arquitetos, são também engenheiros de segurança do trabalho;

2.2.7 Empenho nos processos educativos e busca de recursos alternativos para ampliação de construção de novas edificações e reforma das existentes com periodicidade sistematizada, em concordância dos recursos financeiros existentes, identificado deficiência de investimentos em projetos e obras de infraestrutura e obras de engenharia de pequeno, médio e grande porte;

2.2.8 É preciso facilitar a participação do CREASP em situações da calamidade pública no apoio às populações atingidas por tragédias;

2.2.9 Será garantida a presença do Conselho nos fóruns de discussões sobre o desenvolvimento do país, na defesa da engenharia nacional, geradora de milhares de empregos diretos e indiretos, fortalecendo a imagem e a representatividade do CREASP e demais entidades representativas da engenharia junto à sociedade, alçando a dimensão política da engenharia, com participação mais efetiva nas decisões e ações, nas três esferas do governo;

2.2.10 Atualização da legislação para garantir a presença de todos os Estados no Conselho Federal, ou seja, cada Estado terá um conselheiro federal.

2.3 Tecnologia

2.3.1 Inovar o site do CREASP para o atendimento aos profissionais em suas aptidões, respeitando as opções partidárias e a diversidade de pensamento, sem exacerbações políticas. Maior fluidez aos serviços sobretudo minimizando o tempo do caminho a ser desenvolvido, bem como a usabilidade facilitando o acesso a serviços de conciliação e negociação de débitos fortalecendo a negociação;

2.3.2 Aprimorar e inovar o atendimento da Ouvidoria do Sistema. É importante ampliarmos a cultura do bom atendimento aos usuários dos serviços públicos, tendo como base o princípio da eficiência. Consolidando ações internas de integração e de sensibilização quanto à importância da atividade de ouvidoria. É preciso também aumentar a eficiência da comunicação, consolidando canais de atendimento e ampliando os serviços online, a fim de garantir que de fato o profissional tenha acesso rápido e eficiente às soluções;

2.3.3 Deve-se adotar o que existe de mais moderno em Tecnologia da Informação e da Comunicação (TIC) para desburocratizar o Conselho e melhorar a relação do órgão com seus públicos, e superar o óbice à valorização das engenharias nacionais. A iniciativa tem como objetivo promover a articulação, o acompanhamento e a interatividade com a rede de ouvidorias. Temos que pensar na participação dos usuários enquanto um direito deles de acessar o serviço púbico de forma eficiente e aprimorar os canais de diálogo com os profissionais;

2.4 Transparência

2.4.1 Eliminar despesas desvirtuadas e desnecessárias, tornando efetivamente transparentes as ações, atos e gastos do CREASP e do CONFEA, com prestação de contas trimestralmente;

2.4.2 Criação do "Disque Presidente", no qual o profissional registrado no Conselho terá acesso direto ao presidente através de uma equipe especializada, interligada com a Ouvidoria, sob direcionamento de uma triagem temática, a fim de garantir efetividade no atendimento;

2.4.3 É preciso fortalecer e orientar o papel do CREASP para o aperfeiçoamento das atividades profissionais e intensificar a fiscalização para reduzir a ocorrência de atividades irregulares;

2.4.4 Entender que a fiscalização, momento essencial para trocas de conhecimentos, a fim de contribuir na parceria e no comprometimento com o ser humano;

2.4.5 Facilitação as reuniões semanais/mensais com a finalidade de avaliações criteriosas no consumo e aproveitamento dos recursos obtidos;

2.4.6 Oficialização de um canal de denúncia para casos de assédio moral, sexual e violência, além de campanhas de segurança no trabalho;

2.4.7 Implantação do sistema de fiscalização por autodeclaração. E, após análise, realizar a fiscalização presencial;

2.5 Eleições

2.5.1 Eleições 100% *on-line* urgente, o que demanda certificados digitais e validade de voto e lisura em suas dimensões estabelecidas. É preciso garantir que a votação ocorra de forma segura, transparente e eficiente, utilizando- se o que há de mais moderno em termos de segurança da informação para garantir a integridade, a autenticidade das eleições, neutralizando os vícios eleitorais do sistema e reduzindo custos operacionais. Há diversos mecanismos de auditoria e verificação dos resultados que podem ser efetuados por candidatos e coligações, pelo Ministério Público (MP), pela Ordem dos Advogados do Brasil (OAB) e pelo próprio eleitor;

2.5.2 Incentivar e acompanhar campanha imediata para participação ativa e plena dos profissionais registrados nas eleições do Sistema CONFEA/CREASP/MÚTUA, garantindo a efetiva participação no processo eleitoral;

2.5.3 Desenvolvimento de um aplicativo exclusivo para as eleições, com todos os protocolos de segurança e autenticação, visando facilitar e melhorar o processo eleitoral, proporcionando uma experiência mais eficiente e segura para os eleitores e o sistema como um todo, acompanhada por campanhas de conscientização e treinamento para garantir que os profissionais inscritos no sistema compreendam seu funcionamento e se sintam confortáveis ao utilizá-lo;

3 Evolução profissional

3.1 Crea Jr e Crea Jovem

3.1.1 Consolidar o Crea Júnior como programa oficial do Sistema CONFEA/CREASP e Mútua, com maior interação entre as instituições de ensino, estudantes e jovens profissionais;

3.1.2 Consolidar a reestruturação do programa Crea Jovem, oferecendo atualização e aperfeiçoamento profissional, inclusive em TI e BIM, presenciais e em EAD;

3.1.3 Impulsionar o Crea Jovem em atenção às famílias de baixa renda e, em especial, com profissionais que apresentem dificuldades de saúde e acessibilidade a ambientes públicos, cadeirantes, idosos e demais congêneres.

3.2 Convênios e Parcerias

3.2.1 Firmar convênios e parcerias com universidades, institutos de pesquisa e empresas, nacionais e internacionais, visando intercâmbios e bolsas de estudo para os profissionais;

3.2.2 Promover parcerias supervisionadas para a realização de cursos, palestras e seminários, presenciais e a distância, em parceria com as entidades associativas;

3.2.3 Fomentar a educação continuada e assistida, com a participação das entidades associativas, Instituições de Ensino Superior com experimentos de última geração, visando atender as demandas da nova economia 4.0, maximizando a interatividade constante com Governo, Indústria e Educação;

3.2.4 Incentivar e promover a realização de cursos de capacitação profissional em todos os níveis da empresa, facilitando o seu ingresso em indústrias que atualmente são diferenciadas pelas novas tecnologias embasadas nos recursos de informática e de precisão exclusiva em nano engenharia;

3.2.5 Criar escala profissional progressiva, vinculando as especializações e graduações necessárias para que o engenheiro assuma responsabilidades em cada etapa de sua carreira profissional, dando um norte de crescimento aos profissionais e asseverando a regulamentação da categoria;

3.2.6 Centros de excelência para captação de empregos nas empresas em seus departamentos locais e regionais com objetividade, flexibilidade, conformidade, transparência, com uma eficiente filosofia empresarial, debatendo temas essenciais à sociedade e ao desenvolvimento nacional, com fundamental aporte histórico, geopolítico e econômico, respeitando as opções partidárias e a diversidade de pensamento, sem exacerbações políticas, buscando sempre a amostragem da situação socioeconômica e tecnológica na grande São Paulo e nas cidades do interior do Estado, com foco em suas prementes necessidades;

3.2.7 Na essência, a mentalidade de uma formação continuada e a interação dos agentes/profissionais e funcionários de instituições de ensino e/ou empresas, possibilitam a harmonia e garantem uma abordagem centrada nas pessoas com visão holística, organísmica e democrática. Por conseguinte, o conviver da comunidade técnica em conformidade com a ética e bons costumes, consolida a manutenção da lei, da ordem e do respeito à crença e credo, em Deus, no que nos alicerçamos para propor:

3.2.8 Oferecimento aos profissionais registrados no sistema formação continuada em parceria com escolas e universidades. Além das disciplinas tecnológicas, queremos estimular o desenvolvimento das humanidades, filosofia, sociologia, psicologia, história, meio ambiente, agroecologia, entre outros. O engenheiro humanista será decisivo para salvar o planeta!;

3.2.9 Parceria e compartilhamento pedagógico com as Instituições de Ensino Superior, Entidades de Classe, Indústria, Órgãos Públicos, hospitais e outros, como fito da interatividade CREASP, Crea Jovem, Associações de Engenharia e Agronomia, Prefeituras Municipais e outros, bem como com as comunidades carentes, contribuindo para a elevação do nível de cidadania, quanto aos direitos e deveres, no exercício das atividades, tanto no campo da engenharia como da população em geral;

3.2.10 Junto aos órgãos e instituições será dada continuidade aos projetos, facilitando o desenvolvimento da aprendizagem significativa, cuja duração seja mais intensa e praticada, eliminando atividades que levam a uma aprendizagem mecânica, o que inclui ações junto aos órgãos de saúde, na esperança da transformação social, intensificando o trabalho às cidades e ao soberano Estado de São Paulo. Identificando as precariedades do nível de conhecimento das engenharias, das modalidades de ensino da educação básica – ensinos infantil, fundamental e médio e, do ensino superior – graduação, pós-graduação e extensão, visando a ampliação do conhecimento na interdisciplinaridade com as áreas exatas, humanas e ambientais;

3.2.11 Incentivo permanente e dinâmico pelas trocas de conhecimentos através de eventos socioculturais e tecnológicos e, essencialmente, acreditar na indissociabilidade do Ensino, Pesquisa e Extensão, bases essenciais atendidos pela engenharia, com total pertencimento dos *stakeholders* destacados no tópico anterior;

3.2.12 E neste fio condutor de propostas, insistir-se-á na busca e parceria com as escolas enfatizando a contribuição que as escolas de nosso Estado e do País poderão compartilhar, e contribuir com a conscientização de direitos, deveres, democracia e inserção social. Participando do desenvolvimento, proteção e excelência da Ciência, Tecnologia e Inovação nacionais e do sistema de ensino e de capacitação profissional em todas as suas competências e habilidades. As pessoas envolvidas deverão participar aos encontros de workshop, vídeos instrutivos e recursos poder-se-ia midiáticos;

3.2.13 Incentivar a colaboração de engenheiros, técnicos e profissionais afins que se conectam e intercambiam em prol de uma gestão mais bem estabelecida e eficiente em eventos socioeducativos, congressos, seminários, encontros e outros. Dentro e fora do país;

3.2.14 Oportunizar a capacidade de reflexão dos assuntos diversos sempre com o canal da luz, bom senso e com foco centrado no procedimento consensual/humanístico. Destarte, a prática consciente da sustentabilidade e preservação ambiental no reconhecimento de uma visão globalizada e específica. Assim, destaca-se o entremeio disciplinar com a ESG (*Environmental, Social and Governance);*

3.2.15 Em especial, promover ação e transformação da evolução projetada para transição energética e gestão verde, que vem sendo discutida também em caráter internacional, efetivando, assim, o compromisso da atitude comportamental dos futuros partícipes com o meio ambiente, que possa ocorrer com o seu país.

3.2.16 A realização de convênios e parcerias com órgãos de representação da engenharia para atividades específicas de assessoria e consultoria técnica, é de uma importância para se atingir o objeto precípuo delineado neste Plano, com o que se propõe:

3.2.17 Estabelecer parcerias internacionais e intercâmbios técnico-científicos, conectando o CREASP com o que há de mais avançado na engenharia mundial;

3.2.18 Prestar apoio logístico aos escritórios de empregos para levantar dados, confrontar, analisar, mas não deduzir, em conformidade com a legislação de proteção de dados, direito à privacidade e intimidade;

3.2.19 Avaliar criteriosamente os índices de desemprego e buscar a recolocação dos engenheiros nas respectivas áreas de suas opções e/

ou aptidões, com apoio e orientações dos Recursos Humanos (RH) das empresas.

3.3 Empreendedorismo

3.3.1 Em relação ao universo empresarial, quaisquer que sejam suas extensões empresariais, haverá apoio ao empreendedorismo, englobando as pequenas, médias e grandes empresas, a fim de contribuir com a contemplação de projetos técnicos, em cumprimento às exigências vigentes da ABNT, ISO e demais normas técnicas cabíveis à espécie, corroborando com o sucesso e a efetivação dos empreendimentos, fortalecendo entidades representativas da engenharia em suas funções;

4 Trilhos de uma nova era

4.1 Igualdade e Inclusão

4.1.1 Campanhas permanentes para ampliar a participação das mulheres em nosso mandato à frente do CREASP, fortalecendo a atuação da autarquia pública federal em suas diversas missões institucionais;

4.1.2 Aplicar esforços para a criação de convênios com creches que possam receber os filhos das profissionais registradas no CREASP;

4.1.3 Construção de políticas igualitárias e inclusivas para que profissionais de ambos os sexos, sem distinção de raça, credo, orientação sexual, identidade de gênero ou opção política, sejam parceiros da luta pelo desenvolvimento da engenharia e da sociedade como um todo, rumo ao estado de bem-estar socioambiental, cultural, político, econômico, ético, moral e respeito aos direitos humanos;

4.1.4 Reconhecemos a importância da inclusão e da valorização da diversidade em todas as esferas da engenharia, e isso inclui a participação ativa e plena dos engenheiros PCD. Nosso plano de trabalho tem como compromisso promover a igualdade de oportunidades e a participação efetiva desses profissionais em todas as áreas da engenharia. Vamos fortalecer parcerias com entidades e associações que representam os engenheiros PCD, buscando ouvir suas demandas, garantir sua representatividade e promover ações que atendam às suas necessidades específicas;

4.1.5 Assumir o compromisso, como norte de vida, o respeito ao credo, crenças e a valoração das pessoas no trabalho que se estendam aos funcionários do CREASP e em todo os círculos de convivência, em concomitância com a aprendizagem nas escolas, em todo os seus níveis, entidades de classe, movimentos pró vida saudável e outros;

4.1.6 Reflexão e inovação no procedimento adequado em prol do combate à ansiedade, que conduz ao medo e à angústia, culminando no sofrimento do trabalhador;

4.1.7 Atuação em prol da garantia da motivação e da integridade física e moral da população menos favorecida no que compete aos órgãos e instituições da saúde e sua longevidade;

4.1.8 Conscientização dos profissionais da tecnologia em sua missão de proporcionar melhores condições de saúde e bem-estar à população, contemplando a eticidade no desenvolvimento e uso de sistemas de inteligência artificial, internet das coisas (IoT) e machine learning, para uma interatividade efetiva e positiva, configurando a eficácia da influência no pensamento e comportamento humano;

4.1.9 Atendimento ao engenheiro sênior em conformidade com o Conselho Municipal do Idoso;

4.1.10 Dedicação, esforço e responsabilidade conjunta com os profissionais e simpatizantes da arte tecnológica para aprender a aprender e a defender, também, os interesses dos engenheiros idosos nos atendimentos públicos, transporte, socialização, nos hospitais e, principalmente, nos incentivos de sua colaboração e experiência profissional acumulada durante anos;

4.1.11 Isto posto, far-se-á o prosseguimento a tudo que dificulta a inserção e reinserção do engenheiro idoso no mercado de trabalho, de tal forma que, quando uma obra for concluída e habitável, e venha a apresentar algumas características perniciosas, refletindo na qualidade, segurança e economia do produto

4.2 Sustentabilidade

4.2.1 Implantar-se-á um programa de conscientização ambiental com base no fortalecimento de novos paradigmas da engenharia, e na defesa da engenharia junto à sociedade em geral, tornando-a mais eficiente e eficaz na propositura de soluções assertivas em prol do meio ambiente e do estado de bem-estar socioambiental;

4.2.2Quanto à zona rural, estabelecer um levantamento da existência e alcance dos recursos midiáticos para que haja uma incorporação de efetiva interdependência das zonas urbana e rural consolidando, assim, trocas de conhecimentos e conscientização em todo os segmentos da preservação e sustentabilidade ambiental. Buscar-se-á parceria do Ministério Público, Prefeituras, Escolas e locais adequados a extensão desejada;

4.2.3 Facilitar a autoindependência nas atividades rurais, encontros tecnológicos com assistências dos engenheiros agrônomos e profissionais afins para as orientações de diversas atividades rurais tanto na lavoura quanto na agropecuária;

4.2.4 Estímulo à implantação de procedimentos simplificados em prol dos recursos renováveis como, por exemplo, a horta sustentável e o aproveitamento das energias alternativas destacando-se as energias solar, eólica, termoelétrica e outros com procedimentos de métodos e materiais construtivos simples, proporcionando o conforto ambiental na qualidade de vida desejada;

4.2.5 Incentivo às pesquisas e processos das cidades inteligentes e seu desenvolvimento urbano, a habitação em toda a sua extensão, o transporte público rodoviário, ferroviário, marítimo e fluvial, com uma engenharia pautada no atendimento de manutenção e nas inovações das cidades e no próprio estado que como forma de prevenir acidentes e evitar prejuízos, promover a segurança das pessoas e otimizar eficiência e eficácia do uso dos recursos públicos em todos os segmentos tecnológicos;

Referências

CHIAVENATO, Idalberto. *Administração de recursos humanos*: fundamentos básicos. 4a ed. São Paulo: Atlas, 1999. p.11 - 58.

CONGER, J.A.; FULMER, R.M.. *Como gerar um fluxo de líderes*. Harvard Business Review. Brasil, v.81, n.12, p. 61 - 68, dez. 2003.

COVEY, Stephen R. *Os sete hábitos das pessoas altamente eficazes*. São Paulo: Editora Nova Cultura Ltda, 2002. 440p.

CROSBY, Philip B. *Integração*: qualidade e recursos humanos para o ano 2000. São Paulo: Makron Books do Brasil editora Ltda, 1993. p. 189 - 229.

DAVIS, Stanley M.; MEYER, Christopher. *A riqueza do futuro*. Rio de janeiro: Campus, 2000. p.77 - 98.

DEJOURS, Christophe. *A loucura do trabalho*: estudos de psicopatologia do trabalho. 5ª ed. Ampliada. São Paulo: Cortez – Oboré, 1992. 168p.

DECARTES, RENÉ, *Discurso do Método*, Porto Alegre L&PM, 2005, 128.

DELORS, Jacques. et al. *Educação*: um tesouro a descobrir; relatório para a UNESCO da Comissão Internacional sobre Educação para o Século XXI. 8ª ed. UNESCO: Editora.

DEMING, W. Edwards. *A nova economia para indústria, o governo e a educação*. Rio de Janeiro: Qualitymark, Editora, 1997. 185p.

DECARTES, RENÉ, *Discurso do Método*, Porto Alegre L&PM, 2005, 128.

DRUCKER, Peter F. Managing Oneself. *Harvard Business Review*. NYC, p.100 -109, jan. 2005.

DURKHEIM, Émile. *Educação e Sociologia*: com um estudo da obra de Durkheim pelo Prof. Paul Fauconnet; trad. do Prof. Lourenço Filho. São Paulo: Ed. Melhoramentos, RJ, 1978. 91p.

FROMM, Erich. *O Medo à Liberdade*. Rio de Janeiro: Zahar Editores, 1964. p.13 – 46, 229-246.

GANN, David. M. Construction as a manufacturing process? Similarities and differences between industrialized housing and car production in Japan. *Construction Management and Economics*, Brighton, v.14, p. 437 - 450, March 1996.

GARVIN, David A. *Gerenciando a qualidade*: a visão estratégica e competitiva. Rio de Janeiro: Qualitymark Editora, 2002. p. 3 – 75.

GRANT, Adam. *Pense de novo*, 1ª ed., Rio de Janeiro:Sextante, 2021. p. 205 - 2013

HERSEY, Paul; BLANCHARD, Kenneth H. *Psicologia para administradores*: a teoria e as técnicas da liderança situacional. São Paulo: EPU, 1986. p. 8 –13, 239 – 260.

JORDAN, G. WILLIAM, *O Poder da Verdade*, Jandira, SP, Ciranda Cultural Editora s Distribuidora Ltda, 2021, 90p.

LEWIN, Kurt. *Problemas de Dinâmica de Grupos*. 2ª ed. São Paulo: Ed.Cultrix LTDA, 1973, 242p.

KANT, Immanuel. *Lógica* / Immanuel Kant: tradução do texto original estabelecido por GottLob Benjamin Jäsche de Guido Antonio de Almeida. Rio de janeiro: Tempo Brasileiro, 2ª edição, 1999. p.172 – 180.

KOFMAN, Fredy. In: *EXAME – As melhores empresas para você trabalhar*. Edição Especial. São Paulo: Editora Abril, 2003. p.25 – 26.

MASLOW, Abrahm H. *Maslow no gerenciamento*. Rio de Janeiro: Qualitymark Ed., 2001. 392p.

McCORMICK, John. *Rumo ao paraíso*: a história do movimento ambientalista. Rio de janeiro: Relamé – Dumará, 1992. p.21 – 61.

MIZUNO, Shigeru; KUME, Hitishi. *Developments of education and training in quality control*. Reports of statistical application research, JUSE. Tokyo, v.25, n.2, p.78 – 102, june, 1978. Special Issue: Internacional Cooperation on quality problems and Japan.

PEARCE, David. *Economics, equity and sustainabe development*. In: Futures, v.20, n.06, dec.1988, special issue – sustainable development. p. 598 – 605.

ROGERS, Carl. R., *Grupos de Encontro*. 8ª ed. São Paulo: Martins Fontes, 2002, 198p.

WILLIAMS, Michael. *Relações humanas*. São Paulo: Atlas, 1972. 112p.

Justiça para os justos

Em defesa do interesse de Todos os engenheiros de São Paulo, o Engenheiro José Manoel Ferreira Gonçalves vem acompanhando e denunciando desmandos e procedimentos indevidos do CREA/SP

Por não ter como contestar em debate, e para ganhar tempo, a atual gestão moveu uma ação para censurar as redes sociais do Engenheiro José Manoel em razão de uma publicação sua a respeito da permuta dos imóveis e da ameaça de dilapidação do patrimônio. Pediu a remoção de uma postagem feita pelo réu em sua página no Facebook e a condenação por danos morais no valor de 50 mil reais.

O Poder Judiciário, respeitando a liberdade de expressão, preservou o direito do José Manoel.

O juiz entendeu que não há prova inequívoca de que se tratava de notícia falsa e que, portanto, não caberia a remoção da postagem por se tratar de manifestação do pensamento protegida constitucionalmente.

Tanto o pedido para remoção da postagem quanto o de pagamento de indenização por danos morais foram julgados improcedentes.

O autor (CREA-SP) foi condenado a pagar honorários advocatícios ao réu no valor de R$ 5.511,73. Ou seja, um prejuízo desnecessário a ser pago por toda a classe.

A sentença foi proferida em 27/07/2023 pelo juiz federal Paulo Cezar Duran.

28/07/2

Número: **5026855-41.2020.4.03.6100**

Classe: **PROCEDIMENTO COMUM CÍVEL**

Órgão julgador: **11ª Vara Cível Federal de São Paulo**

Última distribuição : **12/01/2021**

Valor da causa: **R$ 50.000,00**

Assuntos: **Indenização por Dano Moral, Direito de Imagem**

Segredo de justiça? **NÃO**

Justiça gratuita? **NÃO**

Pedido de liminar ou antecipação de tutela? **SIM**

Partes	Procurador/Terceiro vinculado
CONSELHO REGIONAL DE ENGENHARIA E AGRONOMIA DO ESTADO DE SAO PAULO (AUTOR)	
JOSE MANOEL FERREIRA GONCALVES (REU)	JANAINA NOGUEIRA MULLER (ADVOGADO) BRUNO CESAR DESCHAMPS MEIRINHO (ADVOGADO)

Documentos			
Id.	Data da Assinatura	Documento	Tipo
295847357	27/07/2023 17:02	Sentença	Sentença

Poder Judiciário
JUSTIÇA FEDERAL DE PRIMEIRO GRAU

PROCEDIMENTO COMUM CÍVEL (7) Nº 5026855-41.2020.4.03.6100 / 11ª Vara Cível Federal de São Paulo
AUTOR: CONSELHO REGIONAL DE ENGENHARIA E AGRONOMIA DO ESTADO DE SAO PAULO
REU: JOSE MANOEL FERREIRA GONCALVES
Advogados do(a) REU: BRUNO CESAR DESCHAMPS MEIRINHO - [redacted], JANAINA NOGUEIRA MULLER - [redacted]

SENTENÇA

(Tipo A)

O CONSELHO REGIONAL DE ENGENHARIA E AGRONOMIA DO ESTADO DE SÃO PAULO/SP ajuizou ação em face de **JOSÉ MANOEL FERREIRA GONÇALVES** cujo objeto é remoção de postagem no *facebook* e condenação em danos morais.

Narrou o autor, em síntese, que desde o início do processo eleitoral o réu vem "disseminando notícias falsas (fake news) notadamente distorcidas com o intuito de atacar o trabalho e a credibilidade do Conselho/Requerente [...] O material divulgado em suas redes sociais sugere, sem qualquer conteúdo probatório, a ocorrência de fraudes, de modo a atacar o CREA-SP com inverdades e distorções [...] Talvez com o intuito de atingir a candidatura do atual Presidente do CREA-SP (candidato à reeleição) o Requerido acaba por colocar em descrédito a própria Instituição, prejudicando sua imagem e sua reputação perante a sociedade e os profissionais [...]".

Na pendência de procedimento de prospecção no mercado imobiliário de São Paulo/SP, com vistas à futura e eventual aquisição de imóvel, mediante permuta de imóveis de propriedade do CREA/SP, para instalação da sede do Conselho Regional de Engenharia e Agronomia do Estado de São Paulo – CREA-SP, o réu publicou matéria em sua página do *facebook* na qual afirma, sem fundamento e sem provas, que o CREA-SP estaria promovendo a dilapidação de seu patrimônio, que um chamamento público estaria sendo realizado ilegalmente e com valores subestimados e que a Diretoria do CREA-SP estaria atuando sem cautela.

Sustentou que o direito de livre manifestação do pensamento não é absoluto, e que a informação falsa não está protegida pela Constituição, pois conduziria a uma pseudo-operação da formação de opinião.

E, que a "disseminação de notícias inverídicas, espalha desinformação e gera danos àqueles indevidamente acusados, sendo certo que aquele que assim o faz, age com dolo e consciente que a divulgação se espalha exponencialmente, na medida em que, na internet, tudo ocorre instantaneamente e se dissemina com muita rapidez [...] Gerar a mencionada desinformação afronta o direito constitucional à informação e deve ser uma conduta reprimida pelo Poder Judiciário".

Sustentou, ainda, o direito à indenização por danos morais em decorrência da publicação.

Requereu o deferimento de tutela de urgência para "[...] determinar que o REQUERIDO retire do ar, imediatamente, a postagem denominada 'CORREIO DE NOTÍCIAS – O CREA-SP insiste na dilapidação do patrimônio', publicada no dia 08 de dezembro de 2020 na página do *facebook* mantida pelo Requerido".

No mérito, requereu a procedência do pedido da ação para "[...] confirmar a tutela de urgência e condenar o REQUERIDO a retirar a postagem denominada "CORREIO DE NOTÍCIAS - O CREA-SP insiste na dilapidação do patrimônio", publicada no dia 08 de dezembro de 2020 na página do facebook mantida pelo Requerido. [...] IV – Que, em virtude dasinfundadas e inverídicas afirmações realizadas contra a honra e a imagem do CREA-SP, o REQUERIDO seja condenado ao pagamento de uma indenização por danos morais a ser arbitrada por Vossa Excelência, mas não inferior a R$ 50.000,00 (cinquenta mil reais) a fim de, não somente, reparar os prejuízos experimentados pelo Requerente, mas, ainda, para conferir, à medida, o necessário caráter pedagógico".

O processo foi redistribuído a esta Vara Cível sob o fundamento de conexão com a Ação Popular n. 5014750-32.2020.4.03.6100, a qual tem por objeto a anulação do certame veiculado na notícia que se pretende remover.

O pedido de tutela provisória foi indeferido.

O réu ofereceu contestação. Aduziu, em síntese, que o "[...] o CREA/SP não deve confundir o livre debate crítico acerca dos rumos da administração do mencionado órgão com a pura e simples disseminação de 'fake news'. O exagero retórico do CREA/SP conduz à verdadeira censura de qualquer crítica ao órgão público, já que, na visão do CREA/SP, a divergência de um engenheiro com a gestão do CREA/SP não é uma diferença de opinião, mas sim pura e simples fake news, já que, na ótica do CREA/SP, o órgão seria o único portador da verdade, e qualquer crítica a essa verdade seria automaticamente mentira [...] O requerido não veiculou mentira alguma na aludida notícia. Afinal, é verdade que o CREA/SP pretendia realizar a permuta dos imóveis nos termos narrados pelo requerido. Além disso, o requerido criticava, dentro dos limites da liberdade de expressão e da democracia, a conveniência da decisão, e agiu judicialmente para impedir o prosseguimento dos atos. O Poder Judiciário e o Tribunal de Contas vieram, posteriormente, a paralisar a conduta do próprio autor, o que revela que, além de tudo, a opinião do requerido encontrava amparo no melhor direito aplicável".

Pediu pela improcedência.

O autor apresentou réplica com argumentos contrários àqueles defendidos na contestação.

O réu solicitou a expedição de certidão de objeto e pé (ID 295747761).

É o relatório. Procedo ao julgamento.

Após a decisão que apreciou o pedido de tutela provisória, proferida pela Juíza Federal Dra. Regilena Emy Fukui Bolognesi, não foram trazidos aos autos elementos significativos que pudessem conduzir à modificação do entendimento então perfilhado, razão pela qual os termos gerais daquela decisão serão aqui reproduzidos:

*A questão do processo situa-se na possibilidade de determinação judicial para remoção de **matéria publicada em página pessoal do facebook.***

Inicialmente, deve-se ponderar que a manifestação do pensamento é livre, nos termos do artigo 5º, IV, da Constituição da República, direito também assegurado no âmbito da comunicação social, no artigo 220:

Art. 5º Todos são iguais perante a lei, sem distinção de qualquer natureza, garantindo-se aos brasileiros e aos estrangeiros residentes no País a inviolabilidade do direito à vida, à liberdade, à igualdade, à segurança e à propriedade, nos termos seguintes:

[...]

IV - é livre a manifestação do pensamento, sendo vedado o anonimato;

Art. 220. A manifestação do pensamento, a criação, a expressão e a informação, sob qualquer forma, processo ou veículo não sofrerão qualquer restrição, observado o disposto nesta Constituição.

§ 1º Nenhuma lei conterá dispositivo que possa constituir embaraço à plena liberdade de informação jornalística em qualquer veículo de comunicação social, observado o disposto no art. 5º, IV, V, X, XIII e XIV.

§ 2º É vedada toda e qualquer censura de natureza política, ideológica e artística.

§ 3º Compete à lei federal:

I - regular as diversões e espetáculos públicos, cabendo ao Poder Público informar sobre a natureza deles, as faixas etárias a que não se recomendem, locais e horários em que sua apresentação se mostre inadequada;

II - estabelecer os meios legais que garantam à pessoa e à família a possibilidade de se defenderem de programas ou programações de rádio e televisão que contrariem o disposto no art. 221, bem como da propaganda de produtos, práticas e serviços que possam ser nocivos à saúde e ao meio ambiente.

§ 4º A propaganda comercial de tabaco, bebidas alcoólicas, agrotóxicos, medicamentos e terapias estará sujeita a restrições legais, nos termos do inciso II do parágrafo anterior, e conterá, sempre que necessário, advertência sobre os malefícios decorrentes de seu uso.

§ 5º Os meios de comunicação social não podem, direta ou indiretamente, ser objeto de monopólio ou oligopólio.

§ 6º A publicação de veículo impresso de comunicação independe de licença de autoridade.

A regra constitucional é a plena liberdade de manifestação do pensamento, com a ressalva de eventual responsabilidade pelo conteúdo da informação, bem como o direito de resposta.

O direito é também assegurado pela Lei n. 12.965 de 2014, Lei do Marco Civil da Internet no Brasil, a qual estabelece, em seu artigo 3º:

Art. 3º A disciplina do uso da internet no Brasil tem os seguintes princípios:

*I - **garantia da liberdade de expressão, comunicação e manifestação de pensamento, nos termos da Constituição Federal**;*

II - proteção da privacidade;

III - proteção dos dados pessoais, na forma da lei;

IV - preservação e garantia da neutralidade de rede;

V - preservação da estabilidade, segurança e funcionalidade da rede, por meio de medidas técnicas compatíveis com os padrões internacionais e pelo estímulo ao uso de boas práticas;

VI - responsabilização dos agentes de acordo com suas atividades, nos termos da lei;

VII - preservação da natureza participativa da rede;

VIII - liberdade dos modelos de negócios promovidos na internet, desde que não conflitem com os demais princípios estabelecidos nesta Lei.

Parágrafo único. Os princípios expressos nesta Lei não excluem outros previstos no ordenamento jurídico pátrio relacionados à matéria ou nos tratados internacionais em que a República Federativa do Brasil seja parte. (grifei)

O artigo 19, §§ 3º e 4º estabelecem diretrizes para antecipação dos efeitos da tutela nos casos de demandas que visem ressarcimento por danos decorrentes de conteúdos disponibilizados na internet:

Art. 19. Com o intuito de assegurar a liberdade de expressão e impedir a censura, o provedor de aplicações de internet somente poderá ser responsabilizado civilmente por danos decorrentes de conteúdo gerado por terceiros se, após ordem judicial específica, não tomar as providências para, no âmbito e nos limites técnicos do seu serviço e dentro do prazo assinalado, tornar indisponível o conteúdo apontado como infringente, ressalvadas as disposições legais em contrário.

§ 1º A ordem judicial de que trata o caput deverá conter, sob pena de nulidade, identificação clara e específica do conteúdo apontado como infringente, que permita a localização inequívoca do material.

§ 2º A aplicação do disposto neste artigo para infrações a direitos de autor ou a direitos conexos depende de previsão legal específica, que deverá respeitar a liberdade de expressão e demais garantias previstas no art. 5º da Constituição Federal.

§ 3º As causas que versem sobre ressarcimento por danos decorrentes de conteúdos disponibilizados na internet relacionados à honra, à reputação ou a direitos de personalidade, bem como sobre a indisponibilização desses conteúdos por provedores de aplicações de internet, poderão ser apresentadas perante os juizados especiais.

§ 4º O juiz, inclusive no procedimento previsto no § 3º, poderá antecipar, total ou parcialmente, os efeitos da tutela pretendida no pedido inicial, ***existindo prova inequívoca do fato e considerado o interesse da coletividade na disponibilização do conteúdo na internet, desde que presentes os requisitos***

***de verossimilhança da alegação do autor e de fundado receio de dano irreparável ou de difícil reparação**. (grifei)*

Em cotejo às normas mencionadas, bem como à história do Brasil, verifica-se que os legisladores constitucional e ordinário concederam prioridade à livre manifestação do pensamento, de maneira que apenas de forma excepcionalíssima deve-se restringir tal direito fundamental.

No presente caso, há lei específica que requer prova inequívoca dos fatos, a qual deve ser ponderada com o interesse da coletividade na disponibilização do conteúdo, bem como fundado receio de dano irreparável ou de difícil reparação.

*Em análise ao processo, não se verifica a presença de prova **inequívoca** da veiculação de notícia falsa. Não obstante a presunção de veracidade e legitimidade dos atos administrativos, bem como a presunção de boa-fé dos atos praticados pelos gestores, a norma exige – para fins de concessão de tutela provisória – a presença inequívoca da ilicitude ou falsidade do material impugnado.*

Da leitura da postagem, o réu informa a data do Chamamento Público n. 01/2020; aponta a possibilidade de subestimação da avaliação dos imóveis de acordo com avaliação feita por ele próprio; a ilegalidade de proposta da permuta, ante a necessidade de observância à Lei n. 8.666 de 1993; e, esclarece o que seria o recurso de embargos de declaração.

Ainda que se possa argumentar a completa lisura do procedimento adotado pelo CREA-SP, isto não é suficiente para suprimir, em sede de cognição sumária, o direito à livre manifestação do pensamento.

Ademais, mesmo que a matéria esteja inexata, há certo interesse coletivo, a fim de mobilizar terceiros para verificação da licitude do procedimento adotado pelo CREA-SP, ente de natureza pública, que deve se submeter a um maior escrutínio de seus atos pelos administrados.

***de verossimilhança da alegação do autor e de fundado receio de dano irreparável ou de difícil reparação**. (grifei)*

Em cotejo às normas mencionadas, bem como à história do Brasil, verifica-se que os legisladores constitucional e ordinário concederam prioridade à livre manifestação do pensamento, de maneira que apenas de forma excepcionalíssima deve-se restringir tal direito fundamental.

No presente caso, há lei específica que requer prova inequívoca dos fatos, a qual deve ser ponderada com o interesse da coletividade na disponibilização do conteúdo, bem como fundado receio de dano irreparável ou de difícil reparação.

*Em análise ao processo, não se verifica a presença de prova **inequívoca** da veiculação de notícia falsa. Não obstante a presunção de veracidade e legitimidade dos atos administrativos, bem como a presunção de boa-fé dos atos praticados pelos gestores, a norma exige – para fins de concessão de tutela provisória – a presença inequívoca da ilicitude ou falsidade do material impugnado.*

Da leitura da postagem, o réu informa a data do Chamamento Público n. 01/2020; aponta a possibilidade de subestimação da avaliação dos imóveis de acordo com avaliação feita por ele próprio; a ilegalidade de proposta da permuta, ante a necessidade de observância à Lei n. 8.666 de 1993; e, esclarece o que seria o recurso de embargos de declaração.

Ainda que se possa argumentar a completa lisura do procedimento adotado pelo CREA-SP, isto não é suficiente para suprimir, em sede de cognição sumária, o direito à livre manifestação do pensamento.

Ademais, mesmo que a matéria esteja inexata, há certo interesse coletivo, a fim de mobilizar terceiros para verificação da licitude do procedimento adotado pelo CREA-SP, ente de natureza pública, que deve se submeter a um maior escrutínio de seus atos pelos administrados.

O direito de criticar órgãos, entes e dirigentes públicos faz parte do regime democrático, e deve ser assegurado pelo Poder Judiciário. Deve-se apontar, ainda, que a Convenção Americana de Direitos Humanos veda a restrição do direito de expressão por vias e meios indiretos, tais como o abuso de controle oficial:

Artigo 13 - Liberdade de pensamento e de expressão

1. Toda pessoa tem o direito à liberdade de pensamento e de expressão. Esse direito inclui a liberdade de procurar, receber e difundir informações e idéias de qualquer natureza, sem considerações de fronteiras, verbalmente ou por escrito, ou em forma impressa ou artística, ou por qualquer meio de sua escolha.

2. O exercício do direito previsto no inciso precedente não pode estar sujeito à censura prévia, mas a responsabilidades ulteriores, que devem ser expressamente previstas em lei e que se façam necessárias para assegurar:

a) o respeito dos direitos e da reputação das demais pessoas;

b) a proteção da segurança nacional, da ordem pública, ou da saúde ou da moral públicas.

3. Não se pode restringir o direito de expressão por vias e meios indiretos, tais como o abuso de controles oficiais ou particulares de papel de imprensa, de frequências radioelétricas ou de equipamentos e aparelhos usados na difusão de informação, nem por quaisquer outros meios destinados a obstar a comunicação e a circulação de idéias e opiniões.

A própria ideia de ente público como destinatário de direitos fundamentais, além daquelas prerrogativas constitucionalmente asseguradas, não é bem aceita, seja pela doutrina seja pela jurisprudência, eis que foram desenhados a fim de proteger o cidadão.

Por fim, também não há o risco de dano irreparável ou de difícil reparação, eis que o autor pode esclarecer ou providenciar informações sobre o certame diretamente de seu portal eletrônico, o qual muito provavelmente terá um alcance maior que a página pessoal do réu, o que se depreende, inclusive, do fato de que a notícia veiculada pelo réu teve apenas dois comentários e dois compartilhamentos.

Decisão

1. Diante do exposto, **julgo improcedentes os pedidos** de "[...] retirar a postagem denominada "CORREIO DE NOTÍCIAS - O CREA-SP insiste na dilapidação do patrimônio", publicada no dia 08 de dezembro de 2020 na página do facebook mantida pelo Requerido. [...] IV – Que, em virtude das infundadas e inverídicas afirmações realizadas contra a honra e a imagem do CREA-SP, o REQUERIDO seja condenado ao pagamento de uma indenização por danos morais a ser arbitrada por Vossa Excelência, mas não inferior a R$ 50.000,00 (cinquenta mil reais) a fim de, não somente, reparar os prejuízos experimentados pelo Requerente, mas, ainda, para conferir, à medida, o necessário caráter pedagógico".

A resolução do mérito dá-se nos termos do artigo 487, inciso I, do Código de Processo Civil.

2. Condeno o Conselho Regional de Engenharia e Agronomia do Estado de São Paulo a pagar ao réu as despesas que antecipou, com atualização monetária desde o dispêndio. E os honorários advocatícios que fixo em R$ 5.511,73, com base na tabela de honorários da Ordem dos Advogados do Brasil – Seção São Paulo de 2023. Cálculo de correção monetária e juros a ser realizado com base no Manual de Orientação de Procedimentos para os Cálculos na Justiça Federal, do Conselho da Justiça Federal, que estiver em vigor na data da conta.

3. Sentença não sujeita à remessa necessária.

P.I.

PAULO CEZAR DURAN

Juiz Federal Substituto no Exercício da Titularidade

pólen bold 90 gr/m2
tipologia garamond
impresso no inverno de 2023